（前幅）

別出心裁

香港華服製造的故事

林春菊

※

新裝如初
classics anew

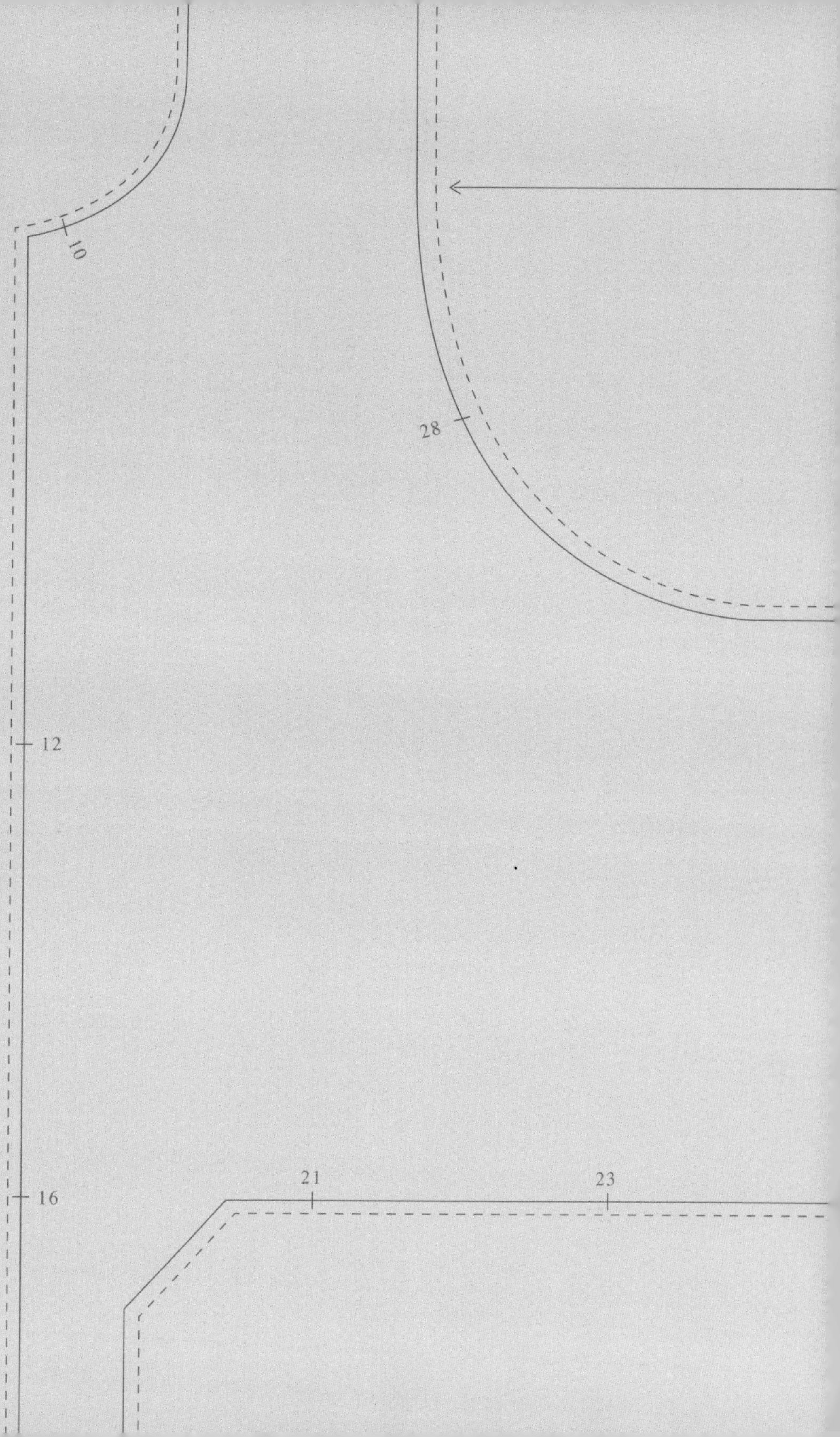
10
28
12
16
21
23

給　我的兒子陳霖

新裝如初
classics anew

今年是忙碌的一年，除了忙着公司「新裝如初」的旗袍展覽和長衫工作坊外，更在年頭迎來一個小生命：我的兒子陳霖。

在他未出世之前，其他人都跟我說：「現在你即管盡情發展自己的事業！到孩子出生後，他會是你的一切。」我以前不相信，說「新裝如初」就是我的孩子，現在我相信了——我偏愛剛出生的小兒子。話雖如此，我兩個「孩子」都想兼顧，為母則剛，於是便要在工作和家庭中取個平衡。

兒子生於這個瞬息萬變的時代，我這個當媽媽的除了希望他健康快樂成長外，有時不禁想怎樣為他遮風擋雨，怎樣才能教導他成為頂天立地的人。我想我一定會教他有關長衫的一切，我想沉蘊細緻的文化承傳可以豐富他的見識和內涵，他日面對五光十色的大千世界，希望他可以不忘追求一絲不拘的耐性，和謙虛勤勉的初心。

於是，這本書就此誕生。

林春菊　二零一六年九月

代序

馬桂榕太平紳士
亞太文化創意產業總會 榮譽會長

每次看見旗袍，都會浮現我對母親的回憶：兒時定期跟她往中環或銅鑼灣找師傅度身訂造旗袍。唐裝，更直接勾起我對她的思念：母親平日在家都會穿唐裝，不時帶我到花布街買布，再自行畫紙樣、剪裁、結紐……一針一線親手縫製，這或許也是六、七十年代女士們日常生活的一部份。雖然我對旗袍或唐裝認識不深，但我認為旗袍及唐裝不只是衣服，它們還包含了香港文化、歷史、工藝和創意的傳承。

八十後的 Janko，一直致力推動中華服飾文化，身體力行，打造當代華服時尚。喜見她牽頭編撰《別出心裁》，訪問了多位隱世名師，將他們的寶貴經驗公諸於世，這份誠意實在難能可貴。

蔡漢成教授，MH
亞太文化創意產業總會 創會會長

今年，Janko 榮獲亞太文化創意產業總會的亞太文化創業產業大獎，作為創會會長，本人非常高興香港仍有設計師對華服有這麼大的熱情及堅持。《別出心裁》一書見證着她對華服的鑽研過程，其中〈華服學堂〉篇章也充分體現她致力傳承此珍貴的文化，此書值得香港新一代再三細讀。

許曉暉，SBS，JP
民政事務局副局長

創意是社會進步與動力的來源，春菊的「新裝如初」為中國傳統服裝注入源源創意，帶動香港大眾進一步重視欣賞東方服飾，可說是文化與產業的有機結合；今年更用心編撰《別出心裁》一書，在保護及推廣本港非物質文化遺產上，實在不遺餘力。

嚴志明教授，太平紳士
香港設計中心主席

旗袍是中國優秀的傳統服裝，Janko 的「新裝如初」，將創新概念結合經典元素，使旗袍成為時尚和典雅的服飾，有助傳承旗袍的技藝和中華文化。而《別出心裁》一書，必定是旗袍愛好者的珍藏。

李惠玲博士
西藏文史及香港長衫文化研究學者

推廣華服任重道遠，春菊身體力行，以其設計專才及過人魄力為瀕危的寶貴文化傳承注入新生命，開闢新出路，值得鼓掌！

方太初
作家

《花樣年華》令東方旗袍為世人所識，但旗袍的故事不是太多人說得清。旗袍有轉折而豐富的意涵：從滿服演變卻盛載新思潮；是上海摩登，卻於香港發展出其黃金時代。《別出心裁》補足了一般時裝書漏掉的香港旗袍歷史，也為南方長衫正名。

目錄

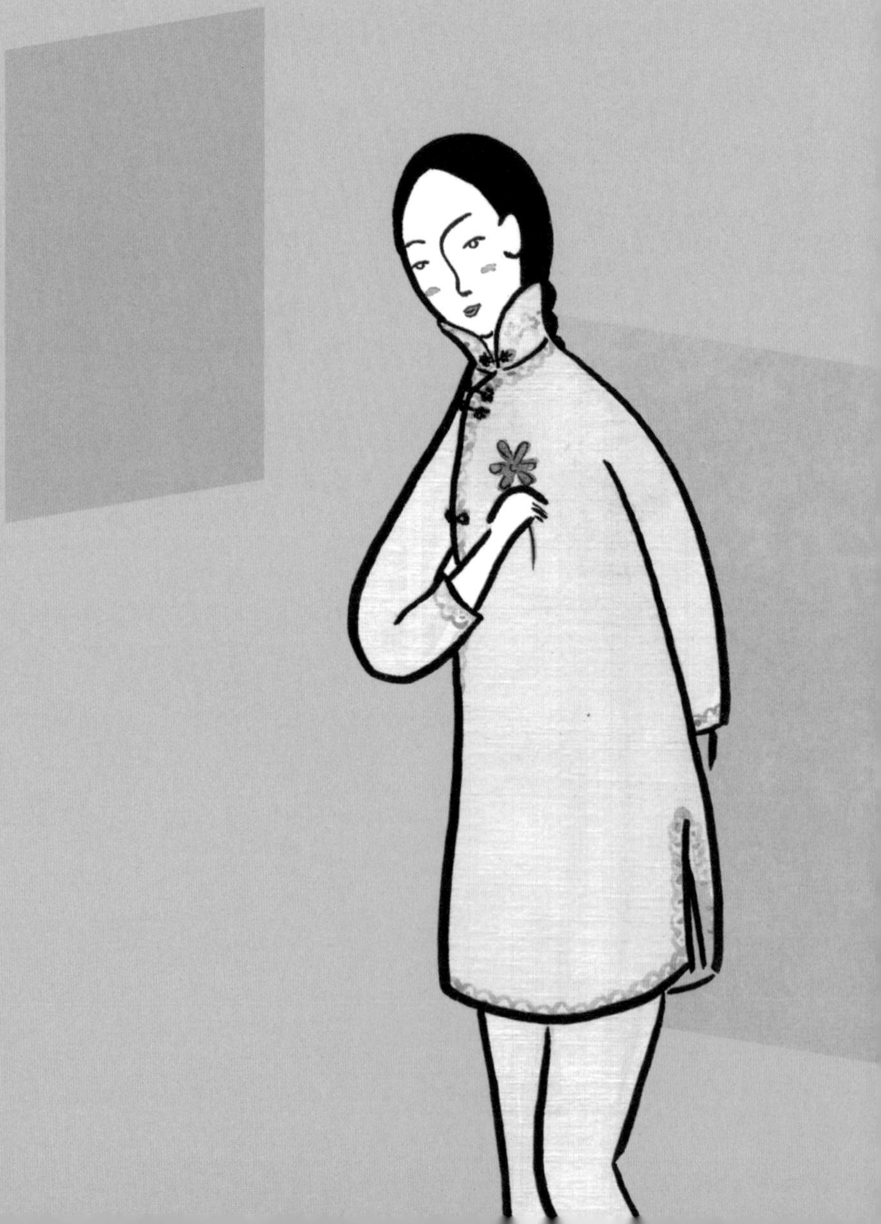

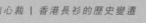

第一章 香港長衫的歷史變遷

百年霓裳·源遠流「長」

1/4

《別出心裁》第一章

百年霓裳 源遠流「長」

旗袍，於上世紀二十年代開始流行的一種傳統中國女裝袍服，起源説法不一：有指是晚清旗人與漢人服飾交融而生，有指是旗人長袍和外穿的馬甲背心合二為一，更有説法指是清末民初期間女權覺醒，男袍女穿再另行演化。但在廣東人佔多數的香港，由於袍款與廣州婦女慣常穿的「衫」相似，只是加長蓋着褲管，是以百年來「長衫」一詞更廣泛通用於香港男女裝的長袍。綜觀兩岸三地，除了香港在二次世界大戰後才交替使用「長衫」和「旗袍」二詞，其他地區一律採用後者。長衫，盛載着我們濃厚的本土文化和情懷。

香港女裝長衫的發展過程或者稱不上為一段「歷史長河」，但亦非資歷顯淺；泰若娓娓道來，可分作五個階段，分別是：萌芽期、過渡期、黃金期、低潮期，以及回歸期。

初露尖芽

晚清至1920年代

清中晚期典型的旗女長袍寬身平直、闊袖，長及掩足；服裝裝飾花紋極為繁縟，低領圈、袖邊、衣襟、袍身都有多重的精美彩繡鑲邊，大方華麗。

同期漢族婦女維持上衣下裳的傳統，下身穿裙或褲子。上衣及褲子以寬大為有穩重美，綴以寬鑲邊或精緻花邊；裙子有繁縟刺繡，花團錦簇。

滿漢經過了近300年的長期接觸，服裝文化互相交融：漢女的上衣變得越來越長，似滿族長袍，滿族的長袍向上縮短，似漢女露出足部。

1911年辛亥革命成功，推翻滿清政府，把滿族長袍暫時打入冷宮。1920年代，旗女長袍脱胎換骨，興起一種新式「馬甲旗袍」——套在上衣外面的背心長袍。長馬甲及後逐漸與短襖合二為一，變成了連袖的長袍，消除了中間重疊的部份，成為現代旗袍的雛型。清長袍式的寬闊平直，配以簡單滾邊、「倒大袖」短袖至手腕或手肘，衣袖、袍身隨時間慢慢收窄、裙擺短至小腿，形似當時男性長袍。

相比於內地大城市長衫文化風靡，二十世紀初期的香港女性，除了大家閨秀和影視名流之外，一般甚少穿着長衫。當時長衫全用人手縫製，直身無曲線，剪裁、設計較為簡單，大多不能水洗。

暫緩過渡
1930至1940年代

在這段過渡期，旗袍長度、袍側的開衩及領子高度在潮流的變化中時有變更，最後定格於縮短至小腿的長度，更有極多旗袍改以拉鏈及揿紐代替花紐。旗袍風格漸趨成熟自成一格，完全脫離滿清制度，容納西方流行元素和配搭。

儘管設計花俏的「海派旗袍」在三、四十年代發展蓬勃，還是未能影響到當時較為保守、裁縫技術有待提升的香港社會。三十年代末，上海和廣州的淪陷為香港長衫帶來新契機：裁縫湧入，自創風貌，整體設計仍然趨於簡約、窄身修長。

黃金時代 1950 至 1960 年代

1949 年中華人民共和國成立，1966 年中國「文化大革命」爆發，旗袍被批鬥為「資產階級情調」而消失；長衫卻在香港五十年代開始發展蓬勃，背後主要有三個主要因素：

一、戰後大批江浙地區的海派師傅帶着他們成熟的製衣技術與工藝南下，使香港長衫師傅的團隊得以迅速壯大；

二、香港受到西方文化影響，師傅們開始運用西式裁剪方法創造出立體結構，使長衫更加貼身，也加入了花紐、花扣、開衩、下擺收窄等細節，精益求精，創出長衫黃金時期；

三、當年香港無論學界師生、歌影伶人或是大家閨秀，通通都以一襲長衫示人。而且不論是婚喪還是喜慶場合，長衫都是中、上層女性出席重要場合的首選。

長衫，盛載着我們濃厚的香港本土文化和情懷。

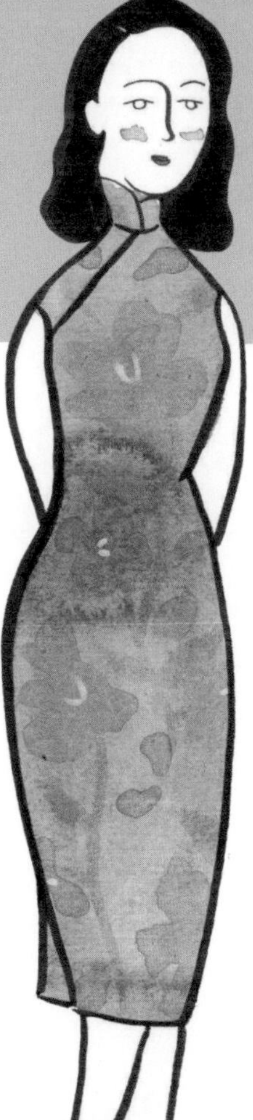

香港女性的社會地位及穿着品味逐漸提高，也促進了香港長衫發展愈見蓬勃。但由於戰後香港社會並不富裕，即使有富戶訂造較隆重、款式較複雜的長衫，簡約實用的款式仍然主導市場。

光華漸黯
1970至1980年代

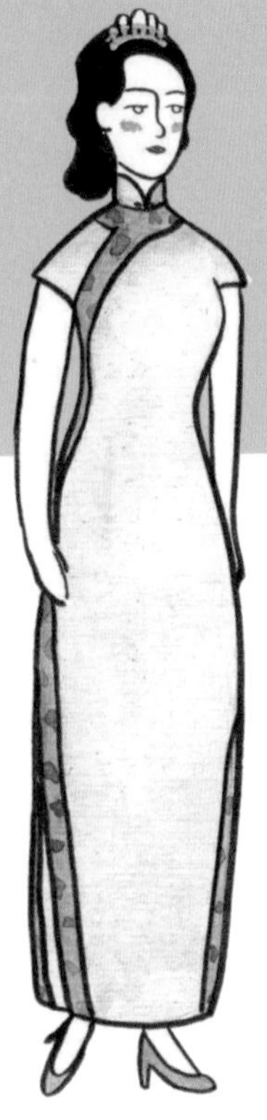

1967年「五月風暴」（六七暴動）開始，香港社會變得動盪，使七、八十年代掀起中上層人士一陣移民潮，直接令訂造長衫的生意走下坡。

長衫客減少，香港的西式成衣業同時抬頭，製造成本又快又便宜，在售價上把「慢工出細貨」的長衫比下去；同時百貨公司興起賣更方便的恤衫、西褲，款式之多令人眼花繚亂，成了女性服飾的主流。

社會人口的年輕化、西式風潮的領導，加上長衫製作的耗時耗費、學徒驟減、裁縫移民等因素，讓七、八十年代的香港長衫市場逐漸黯淡。

雖然全盛時期不再，長衫仍見於各種隆重場合，例如

國際選美比賽，突出女性的婀娜多姿、端莊嫻熟和衣着的民族色彩。很多學校也以長衫作為校服秉承文化傳統。此時長衫設計脱離簡約，向精細邁進。

風水輪流轉，長衫也不例外。二十世紀末，國際時裝界掀起了一股強勁的「中國風」。同時，影視作品、國際盛會紛紛向長衫拋出橄欖枝，令其魅力重新活現於人們眼前，吸引更廣闊的顧客群。

香港亦湧現一批設計師跨入中式服裝的大門，為其注入新鮮血液，更令長衫脫離純本土色彩，躋身國際時裝之列。

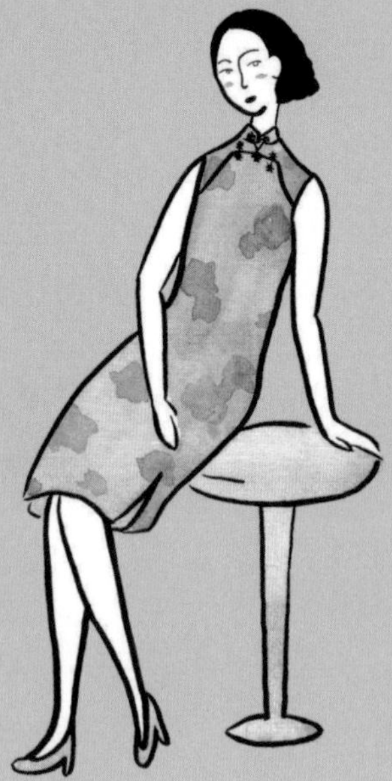

華麗回歸
1990年代至今

在每年度的電視選美比賽，都會有一個環節，讓所有參賽佳麗穿上一襲旗袍展現東方女性的美，這也許已是大多八、九十後青年一窺旗袍風貌的最常途徑。

在2000年，電影《花樣年華》也讓逾半世紀歷史的香港旗袍重獲第二生命；服裝指導張叔平及女主角張曼玉小姐，共同把曾經盛於一時的華服以完美的方式展露於世界各地的觀眾眼前。如果當年Google盛行，年度搜索最高的關鍵字應該是旗袍。

因着《花樣年華》的成功，香港女裝長衫潮流也開始復甦，但離「復興」和「普及」還很遠。

每個地方都有自己的代表性服裝。旗袍最能展現華人女性的柔美，其獨特的氣質和韻味非其他服飾可比擬。這關乎民族自信心，有自信心才見民族精神。

作為一種文化載體，長衫也最能表現本土文化色彩的一種女性服飾，在浩瀚的服裝文化歷史中佔據不可忽視的一席位。

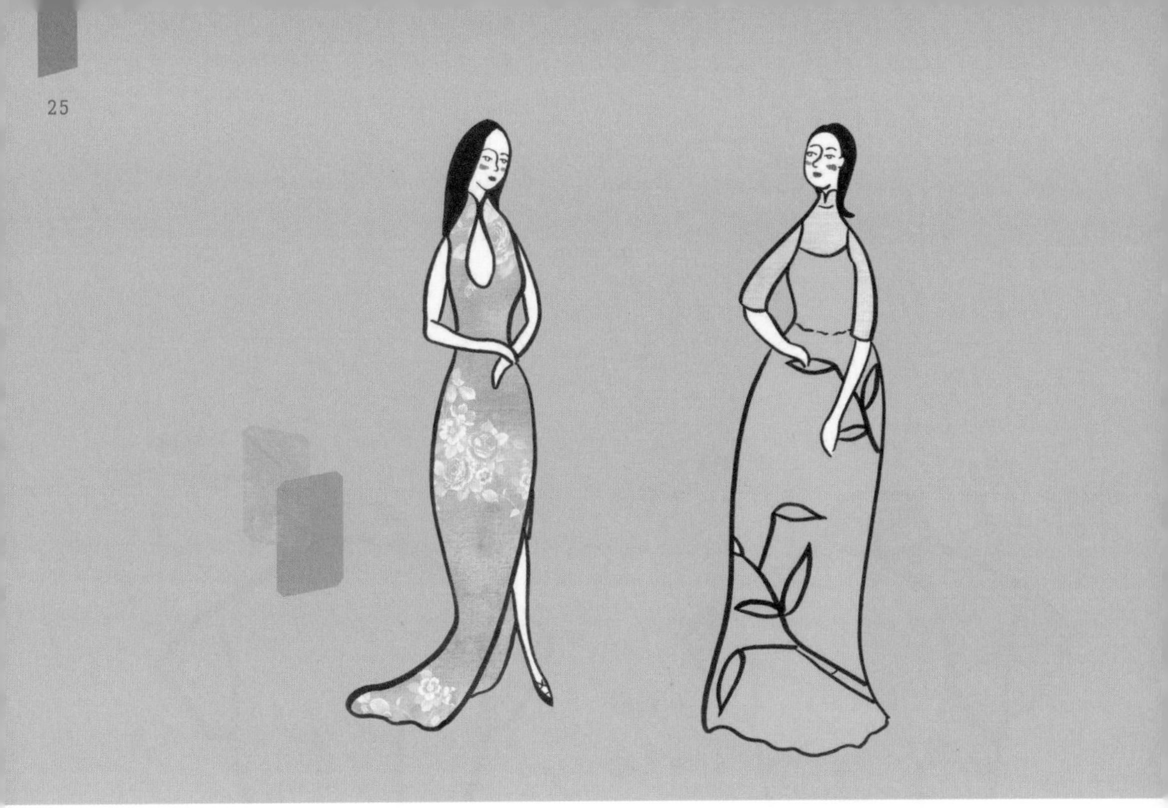

長衫訴說香港女性的成長故事，展現女性的地位和種種變遷。長衫已不是單單一件「衫」，而是知識傳承與文化交流的媒介，通過復興，重新向世界介紹長衫，使人們對歷史和文化有更深層的認識。

經典不能被遺忘，長衫所蘊含的本土文化和情懷，需要薪火相傳下去。

長衫小知識

一、長衫各部位名稱

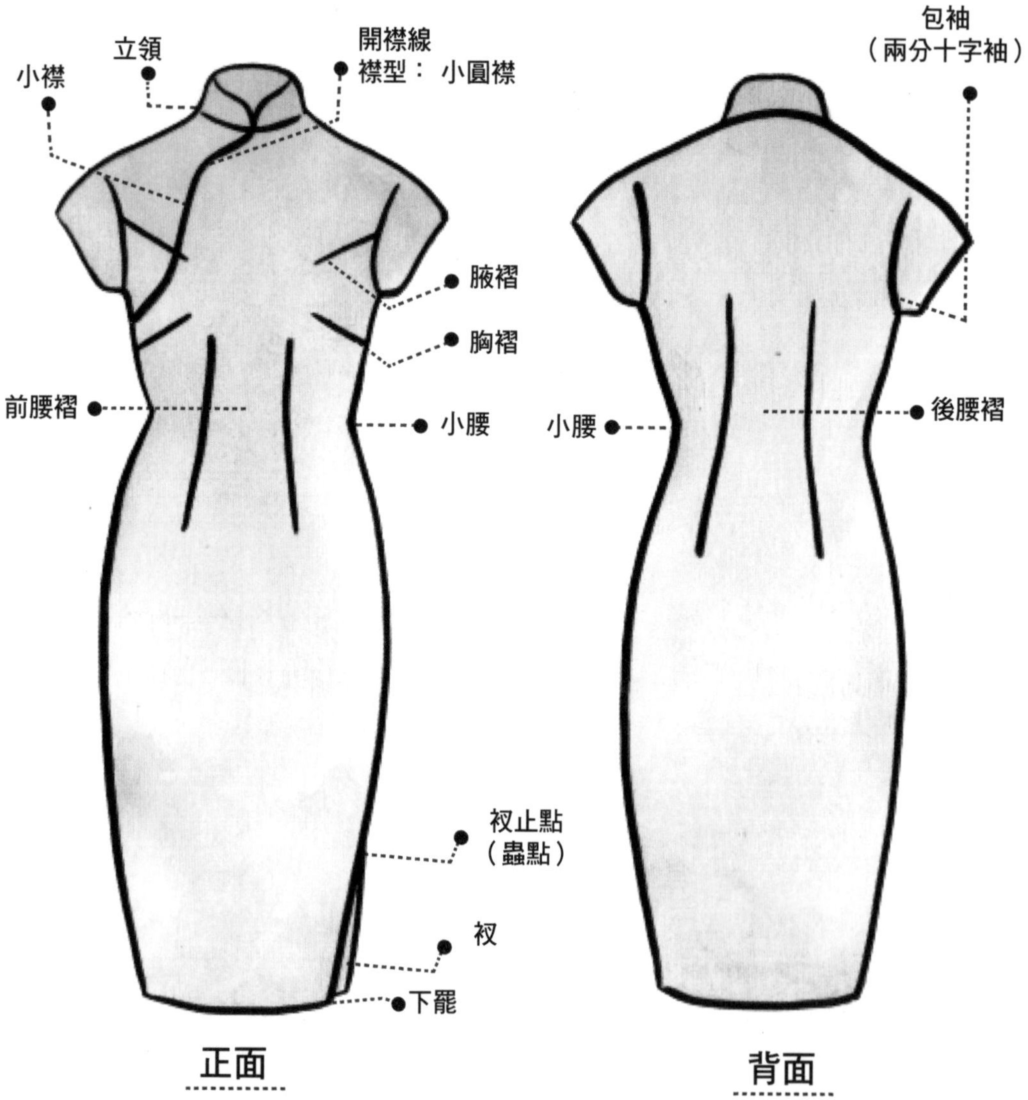

註：長衫也可打褶，但不及旗袍般貼身。

長衫小知識

二、長衫領位和袖式

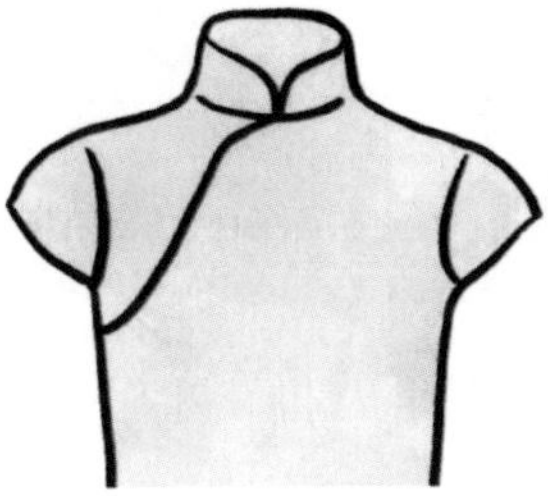

圓角立領

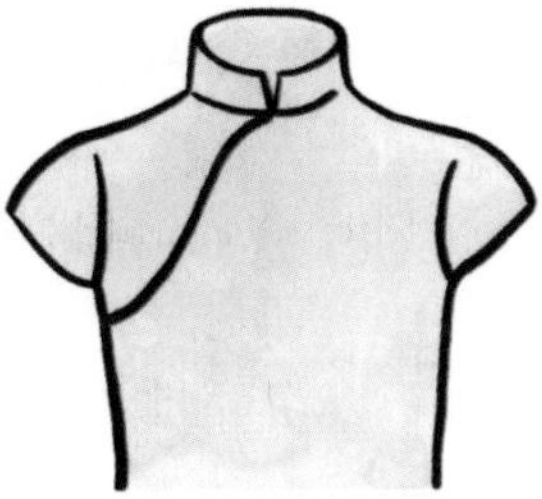

方角立領

鳳仙領

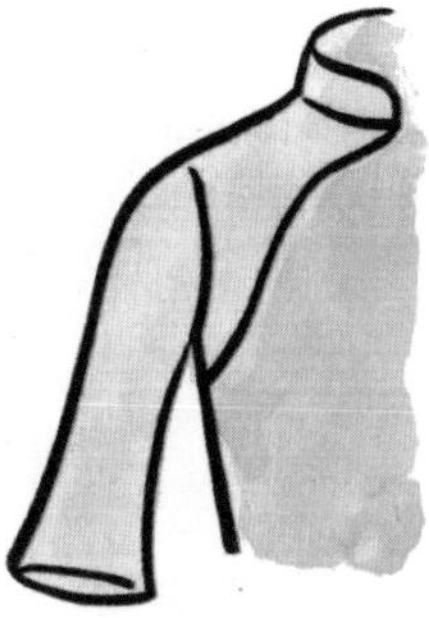

喇叭袖

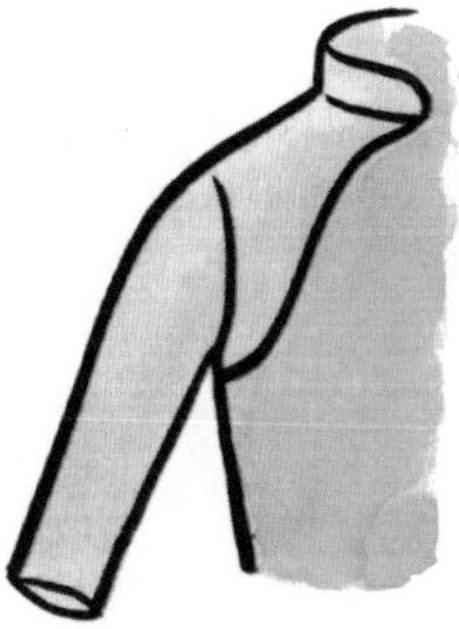

長袖

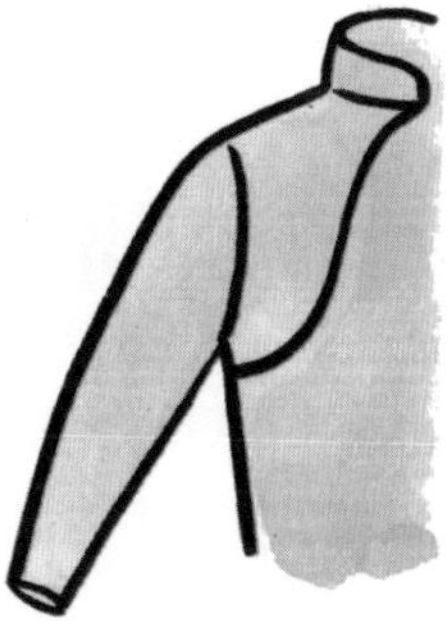

窄口長袖

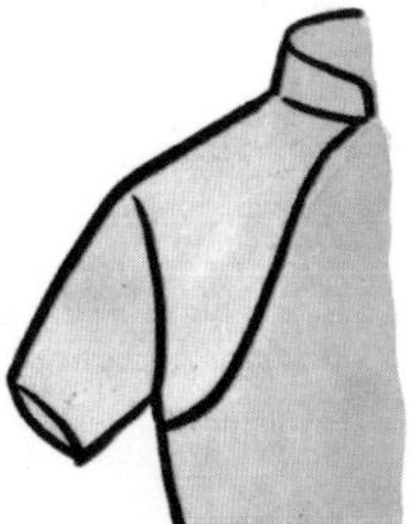

短袖

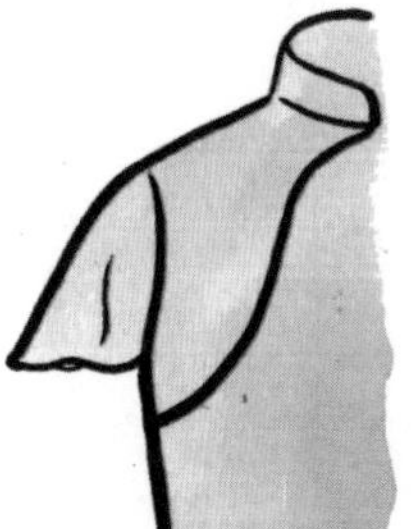

荷葉袖

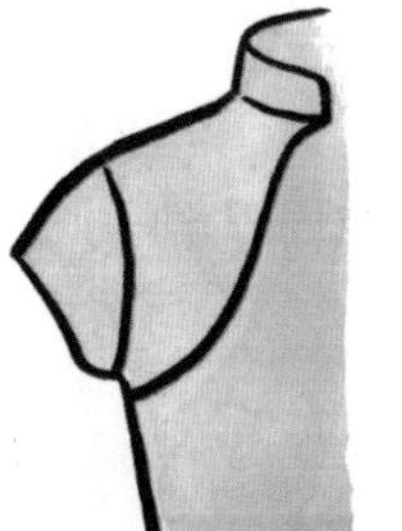

兩分包袖

長衫小知識

三、長衫襟型

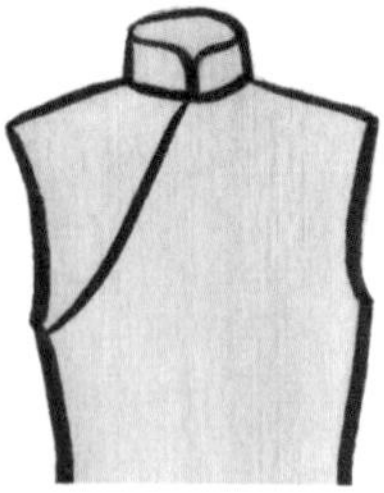
斜襟

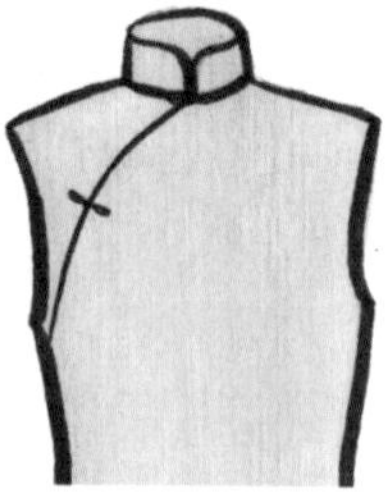
大圓襟

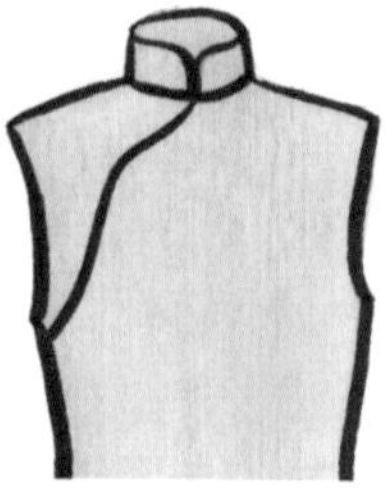
小圓襟

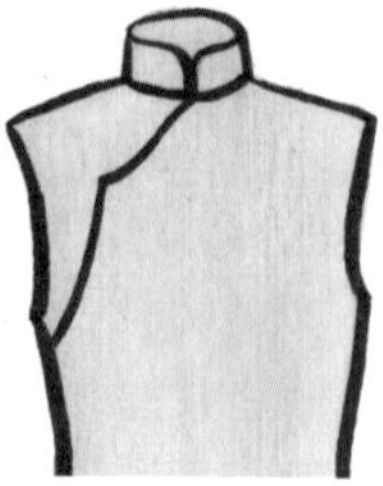
方襟

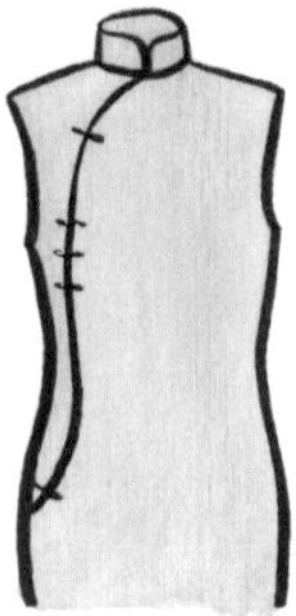
長襟

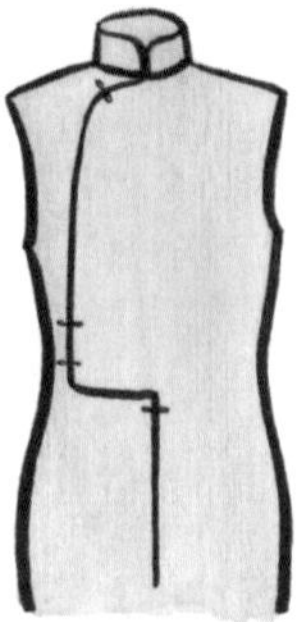
琵琶襟

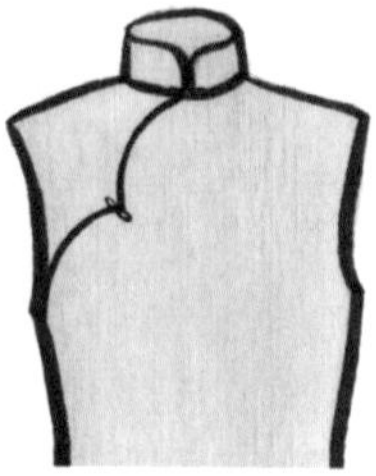
曲襟

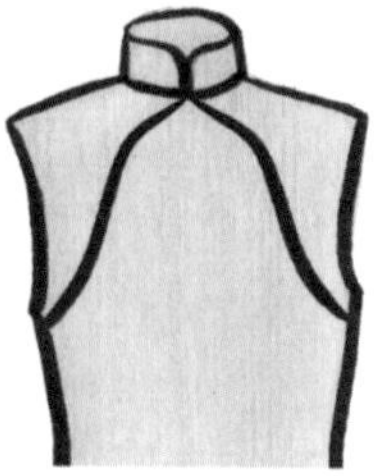
雙圓襟

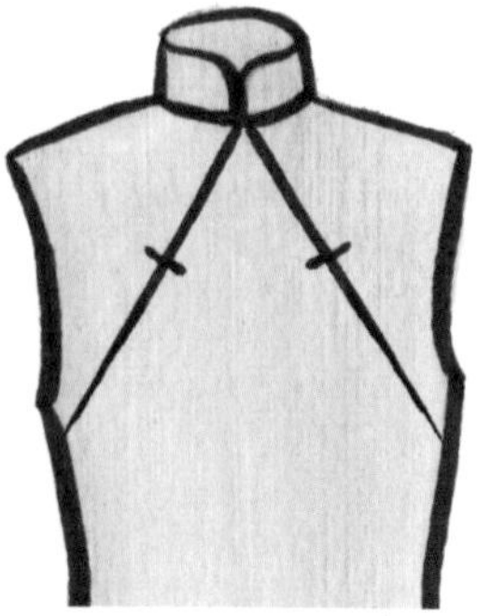
人字襟

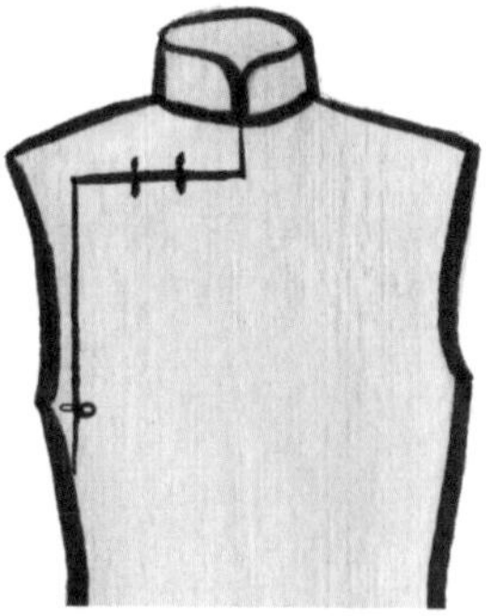
直襟

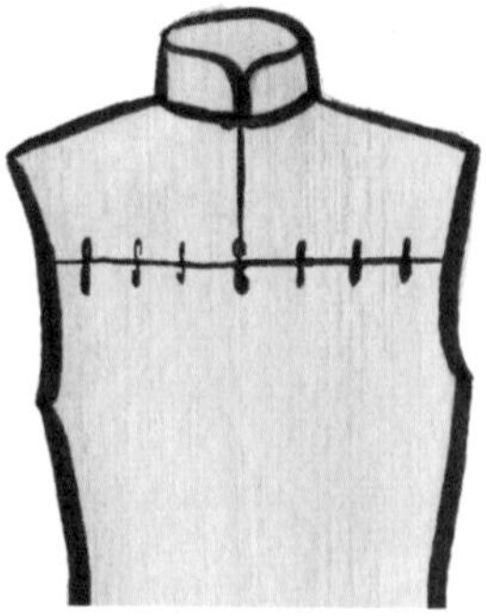
一字襟

長衫小知識
四、長衫製作工具

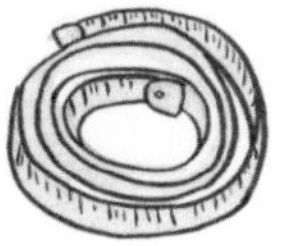

軟尺

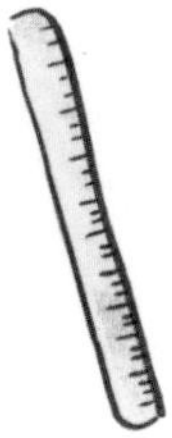

直尺

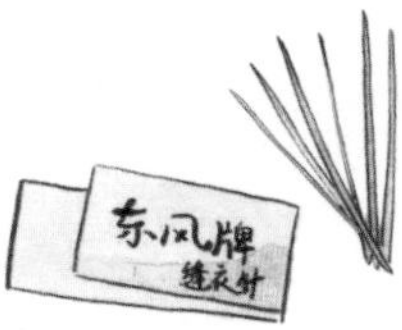

縫衣針

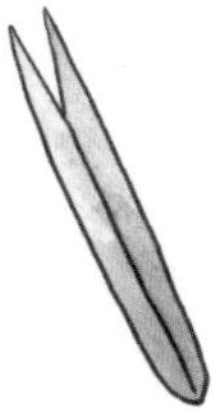

細鉗

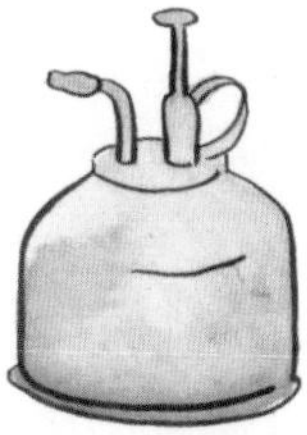

噴水壺

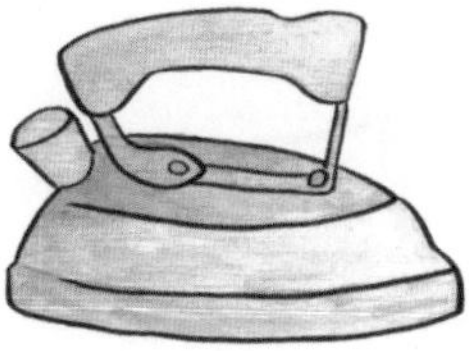

熨斗

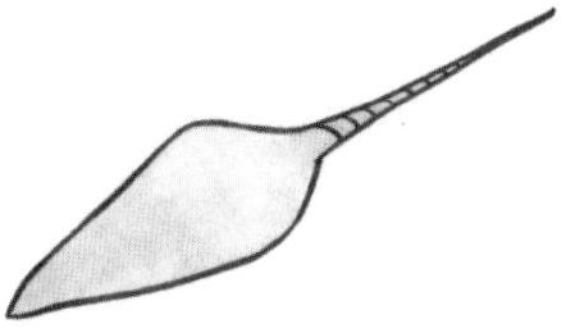

漿糊刮

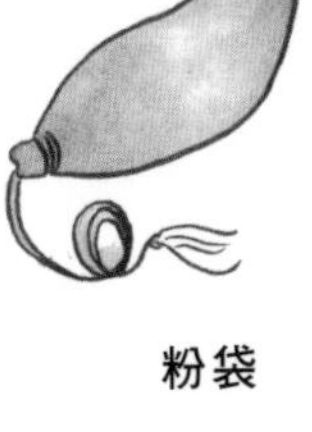

粉袋

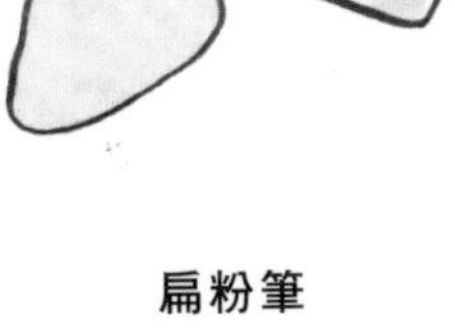

扁粉筆

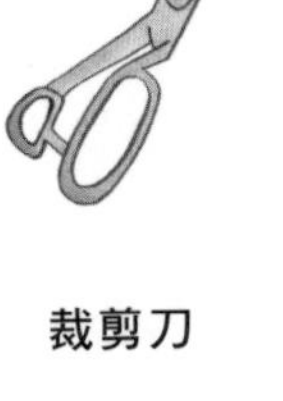

裁剪刀

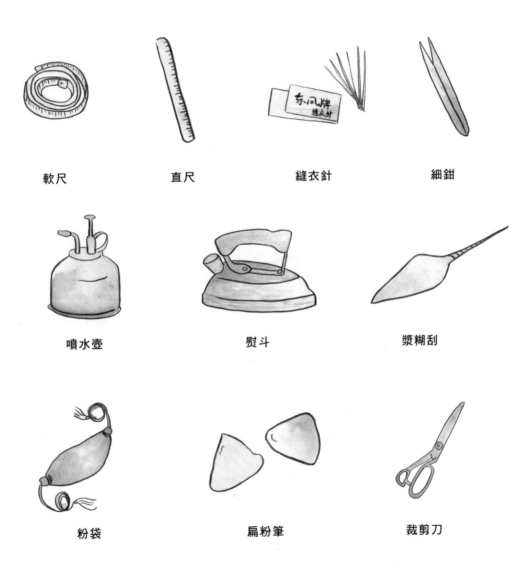

長衫小知識

五、製作長衫測量部位名稱及位置

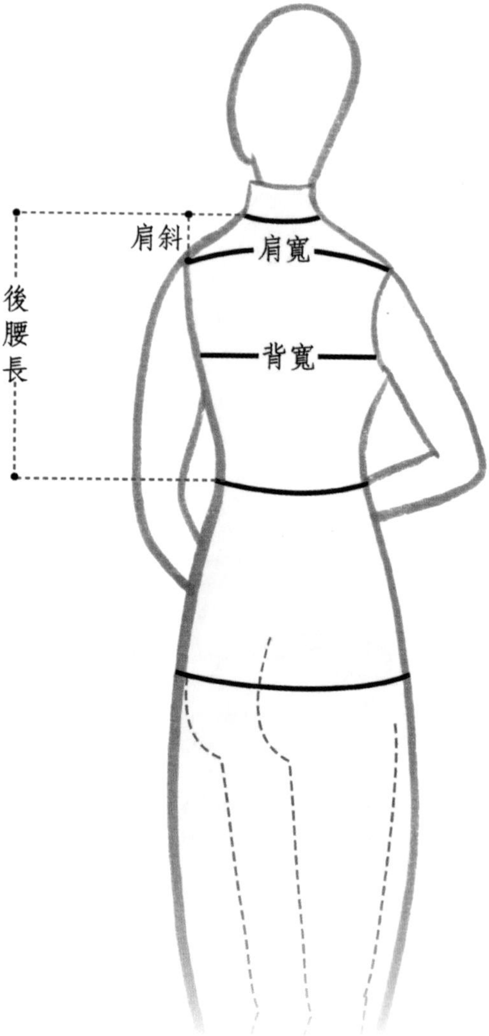

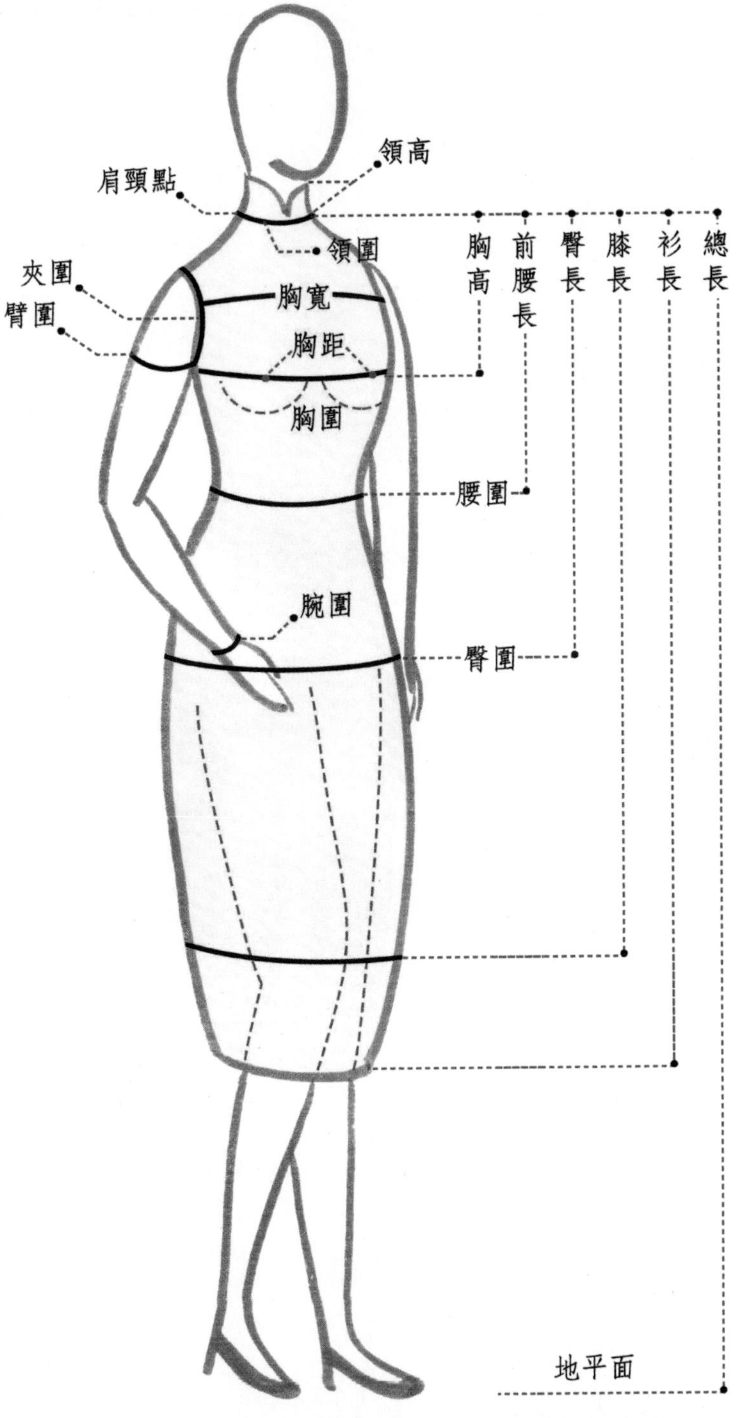
領高
肩頸點
領圍
夾圍
臂圍
胸寬
胸距
胸圍
胸高
前腰長
臀長
膝長
衫長
總長
腰圍
腕圍
臀圍
地平面

第二章 與師傅對話

顆顆匠心・傾聽傳承經典的手藝人故事

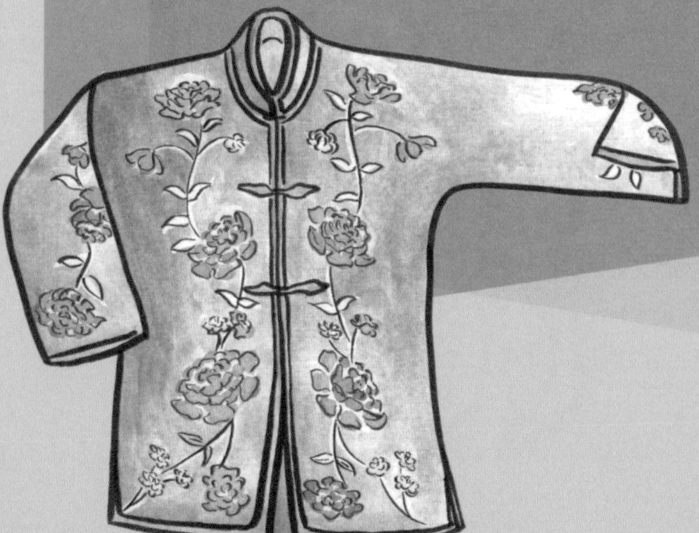

Classics Anew

2/4

《別出心裁》第二章

一眾華服師傅辛勤奮鬥差不多一個世紀，經歷過香港長衫的變遷和興衰，讓一襲襲旗袍大放光華，一件件長衫仍然保持強韌的生命力和後勁。他們的故事，又是怎樣的？從中又能否揭示華服的出路和將來？

「師傅」，是香港人對工業技師的尊稱，他們通常由傳統學徒出身。學徒又稱「學師仔」，與童工無異，普遍受人舉薦或與師傅有親屬關係，拜師於十二、三歲。收生師傅多是服裝店和工場老闆，通常以三年為限，朝七晚十一，無工資，或有個別師傅每月給一、兩塊錢作零用；食宿全包。幸運的學徒可以睡在裁床，裁床被佔則睡裁床底。學徒工作零碎，打理上下大小雜務，由調漿糊到街市買菜，由選購配料到送衫給客人；並無正式培訓，師傅亦不會主動教授，學徒能否偷師全靠自己天份、觀察力和有多勤力。學師三年，學徒真正親自操刀的機會只有拆線、縫邊、改舊衣等等，挨過三年便「滿師」，又稱「出師」。由於實戰經驗少，甚少滿師學徒立即有能力當師傅，一般還要在師傅處工作多一段日子吸取經驗，半年至三年不等，稱為「補師」，每月有幾十元作薪金。

《花樣年華》背後

梁朗光師傅

（下文簡稱梁朗光師傅為「梁」，新裝如初為「新」。）

新：梁師傅你好！請問你是哪裏人？今年貴庚？

梁：我是佛山南海西樵人，行年八十二。

新：你幾歲開始學做旗袍呢？

梁：我二十幾歲開始學做裁縫，算起來已經有六十年經驗了。當年學師，就是跟着師傅同吃同住，落户在中環閣麟街。約一年多以後，我學滿師就在佐敦寧波街工作，那時候油尖旺區也有挺多裁縫店。

說王家衛電影《花樣年華》是一場旗袍表演，大抵沒有人會反對。戲中女主角張曼玉一共換了二十多套旗袍，花款顏色各異；如果你夠細心的話，你會看得出每一件旗袍都反映女主角的心情，隨劇情跌宕起伏。這些華麗的旗袍，原來大部份都出自梁朗光師傅的雙手。

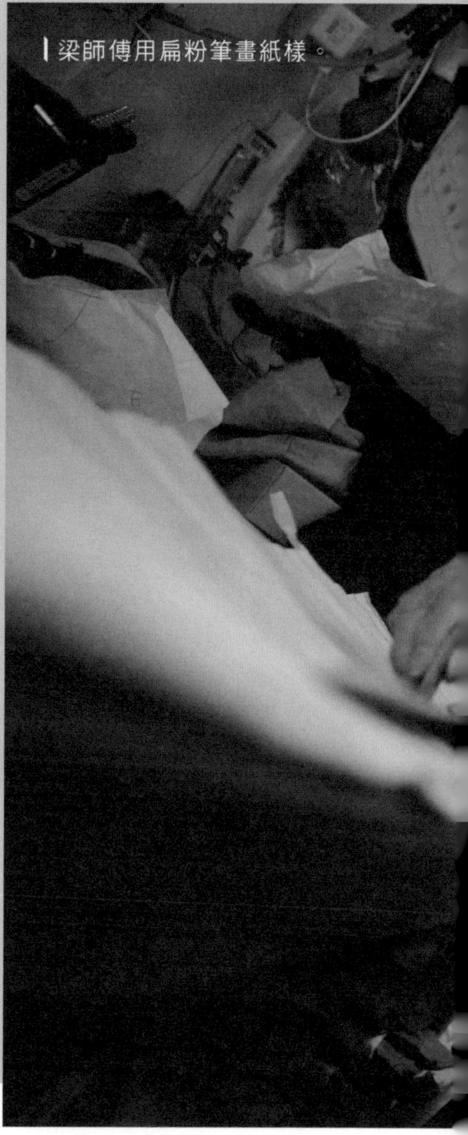

梁師傅用扁粉筆畫紙樣。

新：當時的裁縫中西剪裁的衣服都會做，對嗎？

梁：是的，我早年做過時裝，也做過制服。後來也幫《麗的呼聲》一些藝員做些登台的衣服。

梁師傅的工作室從銅鑼灣搬到觀塘工業區。

新：那後來為甚麼只做旗袍呢？

梁：就是因為我認識美術指導張叔平的助理，他要找人做旗袍，就找上我了。張叔平他連布料也是自己帶過來的。我記得做那批旗袍的時候，他有時候也會來看一下。張曼玉也有親自過來試身。那一批衣服做了兩年多，邊做邊拍。

新：導演王家衛有催你交貨嗎？

梁：沒有，我都依時交貨。而且戲服由張叔平負責。

旗袍要穿上身才能突顯立體剪裁。

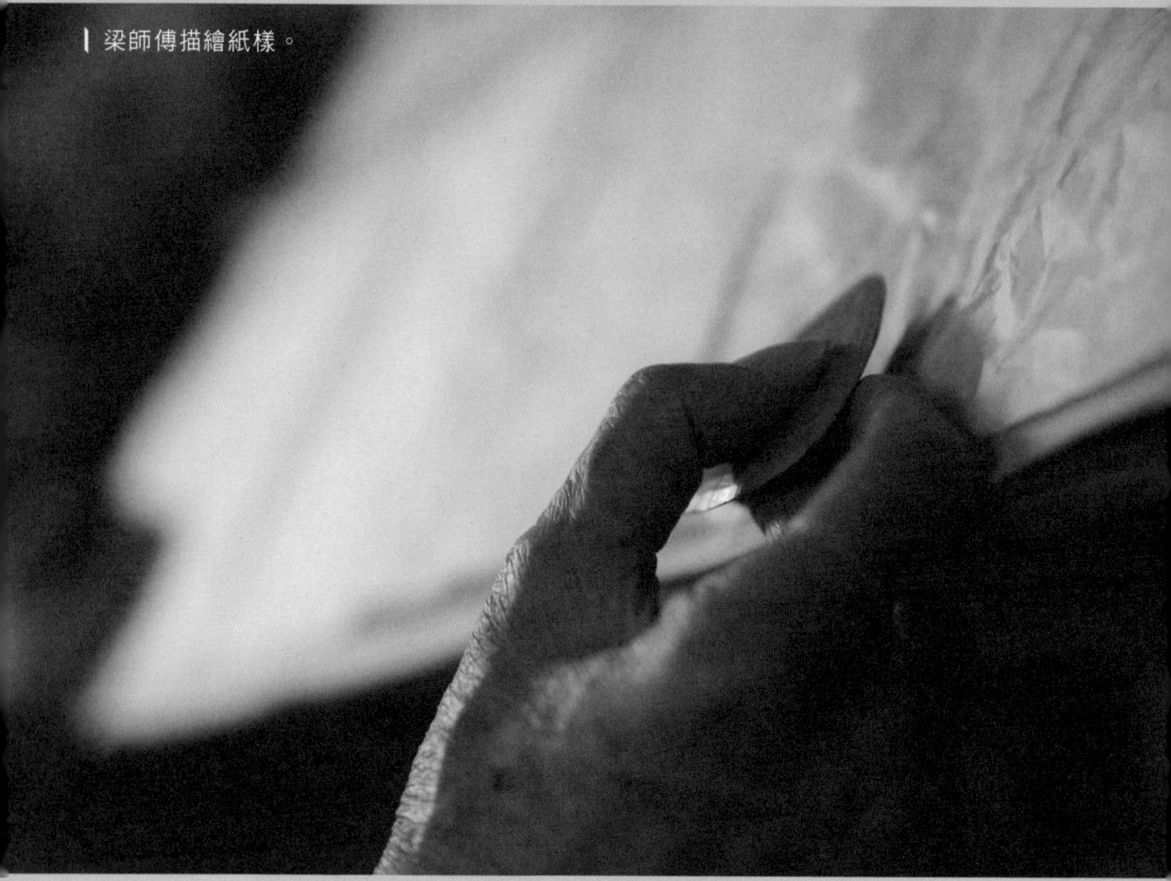

梁師傅描繪紙樣。

新：從《花樣年華》到《2046》，之後再到《上海風雲》，你和一線女明星如張曼玉、章子怡、鞏俐都合作過，你覺得她們哪一位穿旗袍穿得最漂亮？

梁：大概是張曼玉吧，因為每一套旗袍在她身上都顯得好看，她又穿得自然，身材均稱，線條俐落。張叔平找來的布料也很適合她。而且張曼玉的脖子長，她的旗袍領位我也特意做得高一點，高貴又好看。因此每次有不同的傳媒朋友來採訪，都問我那些戲服的下落！

梁師傅的旗袍手工仔細、滾邊幼細均一。

新：那你知道在哪裏嗎？

梁：不在我這裏呀，大概是他們自己留着吧，又或許是張叔平收藏着。

新：依你的經驗，梁師傅你覺得旗袍哪一部份是最難做的？

梁：最難做是胸圍和腰圍，因為貼身的關係，起了一點皺紋也不好看。另外，襯花也非常講究，例如大小花看比例；兩塊布料接駁位置的花要對準。此外，如果旗袍不夠貼身也不好看，這就是旗袍跟成衣的不同，非訂造不可。

新：可並不是人人都擁有女星般完美的身型去穿旗袍呀，梁師傅！

梁：的確。旗袍都帶點成熟美，特別是帶滾邊的，所以現在有些年輕女士會刻意選不滾邊和不加花紐的款式。其實貼身剪裁反而比鬆身剪裁更顯瘦，若身材胖的話只要選顏色深一點就可以。我的客人當中有好些闊太太，她們會穿着我做的旗袍在馬場亮相，也挺出眾。

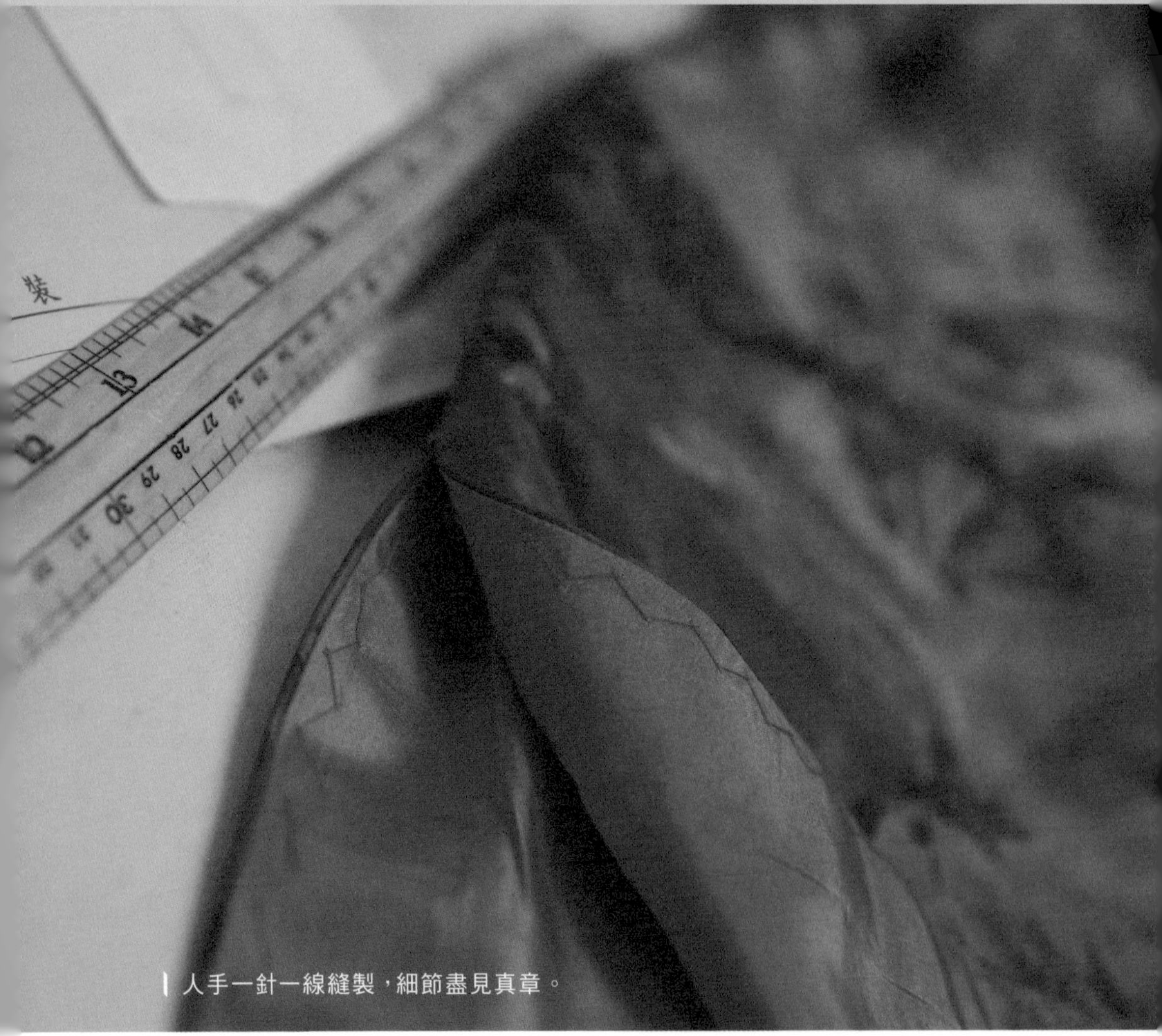

人手一針一線縫製，細節盡見真章。

牆上貼滿梁師傅舊日的珍貴回憶，
當中有不少為電影劇照。

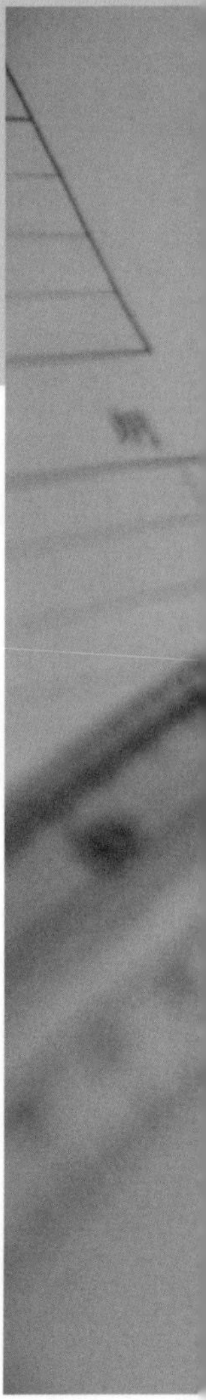

新：你從事了這行那麼久，遇過甚麼事情最難忘呢？

梁：就是為王家衛做旗袍。其他客人沒太特別。不過大多是熟人介紹過來。

新：你有想過退休嗎？

梁：我這裏（觀塘）剛繼了約，多做一年就退休了，反正兒女都長大了。

新：這門手藝沒有再傳下去，你會覺得有點可惜嗎？

梁：這也沒辦法呀！年輕人如果現在入行，收入一定不夠糊口，因為現在不多人穿旗袍了。

塑造一幕幕經典

殷家萬師傅

殷師傅堅持每週工作五到六天，
風雨不改。

佐敦寶寧商場的一個角落裏，有一家店叫「上海寶星時裝祺袍」，這店只佔六、七十呎，裏面有一位老師傅埋首做旗袍。店裏的牆，貼滿了照片：汪明荃、顧紀筠、一眾香港小姐等等。這位師傅叫殷家萬，今年八十歲，他在這片小天地用雙手縫紉出上千件旗袍，其中部份被香港文化博物館永久收藏。

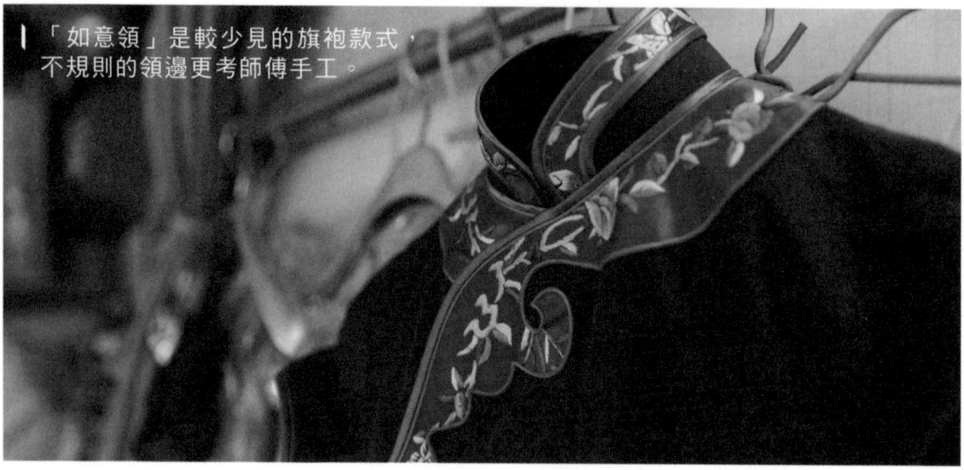

「如意領」是較少見的旗袍款式，不規則的領邊更考師傅手工。

（下文簡稱殷家萬師傅為「殷」，新裝如初為「新」。）

新：殷師傅你好，你是哪裏出生的？從幾歲開始學習做旗袍？

殷：我生於1951年，是鎮江揚中人。我十五歲來香港生活，我的師傅是我的同鄉，從那時開始我跟他學習做旗袍，當時師傅給我包食住，所以我甚麼也得做。像師傅不做的下欄功夫，如釘紐呀，上拉鏈呀，都是由徒弟來做。這樣一過三年，三年以後我還沒有真正學會做好一件旗袍。

新：那麼何時你才真正學會做好一件旗袍呢？

殷：三年以後我在裁縫店打工，邊做邊學，那段日子總算靠自己學會了。

新：你入行的日子，算是做旗袍的黃金時期嗎？

殷：黃金時期？我不懂。當時我打工的地方是以件數來算工錢，我和十幾位師傅一齊工作，大家鬥快。最高峰時期試過一日做三件，因為多勞多得嘛。我們當時收入也沒甚麼保障，到後來有了服裝工會，我們才有了行規，例如部份手工需要額外加錢甚麼的。

新：哪些手工特別費功夫？

殷：絲絨、喱士、珠片。其實替客人度身後，光按照數字去裁剪是不行的。就好像前幅（布）加一，後幅減一等，都靠累積而來的經驗。所以做一件旗袍，要有耐性和頭腦，偷工減料也絕不行。可以說十個裁縫，可能只有一個是好的。

新：我知道你裁布不用畫紙樣，真的嗎？會怕裁錯嗎？

殷：當然有裁錯！特別在年青時，心急跟別人鬥快嘛！

新：那怎麼辦？

殷：賠錢啦，布也要重新裁一次。所以做旗袍之時，心一定要定。

上個世紀上海出產的「漿糊刮」，現幾乎絕跡市面。

師傅口中的線名為「口水線」（加了口水的線），用於需要摺燙的位置。師傅說，用了口水線的位置燙時會更平整，布更聽話。

殷師傅店舖一隅，留有他為香港小姐比賽做的旗袍作品照。

新：你後來怎麼跟無線電視的服裝部結緣？

殷：當時我的表哥跟他們其中一位服裝設計師熟稔，我表哥也是裁縫，他有些功夫不做，後來就輾轉讓我做起來。我跟無線電視合作了很久，很多古裝劇裏的戲服我也做過。他們來布來圖，拼好顏色，我就跟着做。藝員一般也不用來這裏試身，因為設計圖都附上尺寸。

新：選美會上的旗袍特別惹人注目，殷師傅！

殷：港姐和華姐們的旗袍都由我做，一年兩次。港姐的分作兩批：初賽和決賽，每次大概做十八到二十件吧，每年都有一點點不同。我記得有次在酒店一口氣替所有佳麗度身。

新：「阿姐」汪明荃的旗袍嫁衣也出自你手，對嗎？

殷：阿姐是我三十多年的老顧客，但我們只在電視城的化妝間遇過一次，而且她不認識我，她的尺寸都是由其他人拿過來的。她那件嫁衣，我做的時候並不知道是嫁衣，只是一如既往地做。後來有人看了報紙再讓我看，我才知道那一件旗袍是用來行婚禮。

殷師傅的店子位於佐敦寶寧商場的一角，店面狹長，一覽無遺。

新：現在很多師傅不願意開班授徒了，殷師傅你為甚麼會例外？

殷：誰來學，我都肯教，有些學生還會特意來店裏看着學，從前我也是這樣跟師傅學習。現在我一個星期在太子教三天課，每次三小時，學生有男有女。有些學生很認真，回家後還會自己練習，成功做出旗袍來。他們還拍照給我看，都挺美。

新：你有打算過退休嗎？

殷：沒有，就一直做至到自己做不到為止。

裝飾她人的夢

簡漢榮師傅

（下文簡稱簡漢榮師傅為「簡」，新裝如初為「新」。）

新：簡師傅，你是太子爺，所以當初你是理所當然的子承父業而入行嗎？

簡：不是！我入行是因為真心喜歡旗袍，如果沒有真心，你根本做不來！做一件衣服需要耐心，如果沒有耐心，你是絕對不能堅持下來的。做旗袍是我發自內心的興趣。

新：那你幾歲開始學做旗袍？是耳濡目染吧？

簡：大概十來歲吧，我也記不清了。耳濡目染

「美華」，美而華麗，是一襲傳統旗袍予人的印象，這也大抵說明了簡漢榮師傅的爺爺，在二十年代於上環一手創立「美華旗袍」時的寄望。時至今日，「美華旗袍」依然在老區上環屹立，至今跨越大半個世紀，是香港最老的旗袍店之一。簡漢榮師傅是土生土長的第三代接班人，今年六十有八，卻予人年輕的感覺，當說起他摯愛的旗袍，依然神彩飛揚。

一定有，我們店鋪最高峰有三十多位師傅，有些也做西裝之類，現在只剩下兩位師傅，都年過八十了，我已是最年輕的。

新：居然也有做西裝？

簡：對，大概由三十至六十年代，人們穿的所有衣服，包括內衣，都在裁縫那裏。當時不似現在，處處都是大商場；百貨公司在當時是一個新興概念，幾乎所有衣服都由裁縫親手

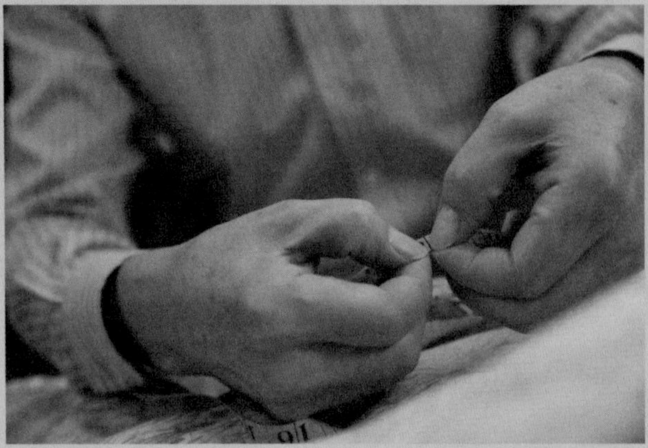

「失之毫釐，差以千里」大概是簡師傅對每件旗袍的執着，他說即使差半分、對整件旗袍都影響甚大。

做。我們的師傅偶然也會應顧客所需，做件西裝、襯衫之類，禮服我們也會做。

新：在五十至七十年代的香港，旗袍算是便服，對嗎？

簡：沒錯。當時大部份婦女都穿旗袍。中國解放以後，有大批上海裁縫師傅跟着大户人家來到香港，手藝也得以流傳。不過他們當時的生活都挺苦，有安身之處已經很不錯。

新：簡師傅，以你所見，旗袍經歷這麼多年，有甚麼大變化？

簡：沒有甚麼大的變化！改變太大的就稱不上為傳統旗袍了。最重要的元素都是企領、開襟和貼身剪裁。

新：布料呢？（店內有一匹匹顏色質地各異的布並排陳列着）你似乎挺講究的？

「琵琶襟」（取琵琶之型）是少見的旗袍款式，具收身效果。

簡：布料真有個潮流。就似現在流行絲絨，之前就流行絲織棉。我們的布料來自法國、英國、意大利等地，某些布料是中國特有，我們也有。如果絲絨的話，首選英國和意大利。另外，法國和意大利布料使用的織布方法與眾不同，所以質量一直很好。

新：那麼現在甚麼人光顧最多？

簡：幾乎甚麼年齡層也有，像這件（見上圖），是一位小女生參加畢業典禮穿的，還要寄去美國。又或職業女性日常穿的，所以款式設計會樸素一點。

新：哇，你真厲害！記得每位客人的資料嗎？

簡：當然啦！她們會來度身、試身、拿走旗袍，最少也見面三次吧。除了身型體態以外，經驗讓我們很快了解客人穿着的場合，從而設計出最適合她們的旗袍。就像

「美華」的衣架見證歲月變遷、因此成為不少客人的收藏品。

我其中一位客人，臉比較圓，我就幫她設計了一個特別「V」的領位旗袍，穿上去就有瘦臉效果。客人穿得好看與否，也是我們的責任。

新：從旗袍的哪一部份，可以看出手工上乘？

簡：旗袍看的是一個整體，因為貼身剪裁，線條俐落，所以每一個細節都把身材表露無遺，你不可能注重某一個地方而忽略了別的地方。就像裏裏外外，人手的一針一線，都是紮實功夫。而鑲滾邊，細長均等，別小覷這些細節。

新：這些細節就是旗袍珍貴的地方。簡師傅，我看你是非常在意店鋪的出品，對嗎？

簡：對呀！對於自己親手做的衣服，我都有感情！而且在客人最後

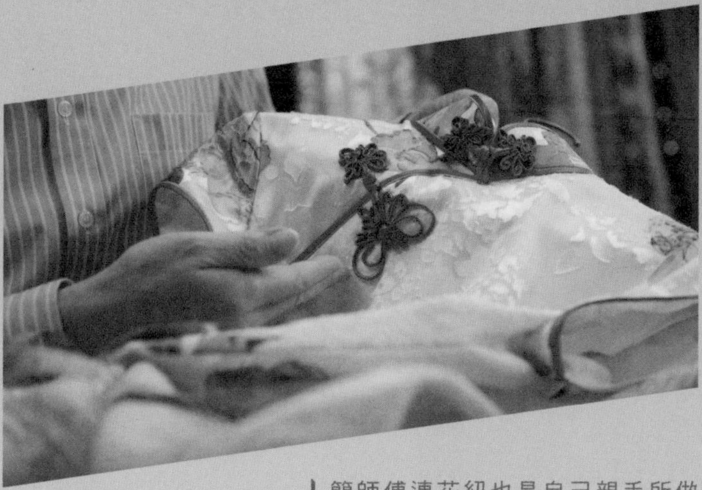

簡師傅連花紐也是自己親手所做，
每個細節都不假外求。

一次來試穿的時候，都要先過我這一關，才可以拿走。旗袍這行靠口碑，如果客人不回頭，我已經視為失敗。

新：但現在很多客人只是為了一個場合才訂造一次旗袍，可能不會成為你的「回頭客」呀？

簡：但他們可以介紹給朋友。而且如果有客人真的珍惜我們家的旗袍，就算她日後尺碼有變，我們都可以免費替她改，也不算甚麼。我們看重的，是珍惜的態度。

簡漢榮師傅的舖面花布來自世界各地，種類繁多。

「紐」轉乾坤

浦明華師傅

旗袍上的花紐，小巧但色彩奪目，形狀百變。它由一條小細條經人手逐步幻化成花，幻化成文字，幻化成吉祥圖案。花紐除了為一襲旗袍畫龍點睛，它更是對長衫客的一種祝福。浦明華，香港碩果僅存的海派花紐大師，憑藉雙手，把這門精緻的中國傳統手藝承傳下去。

顆顆匠心

浦明華師傅六十餘歲仍然神彩飛揚。

家中小小的一角就是浦師傅的工作室。

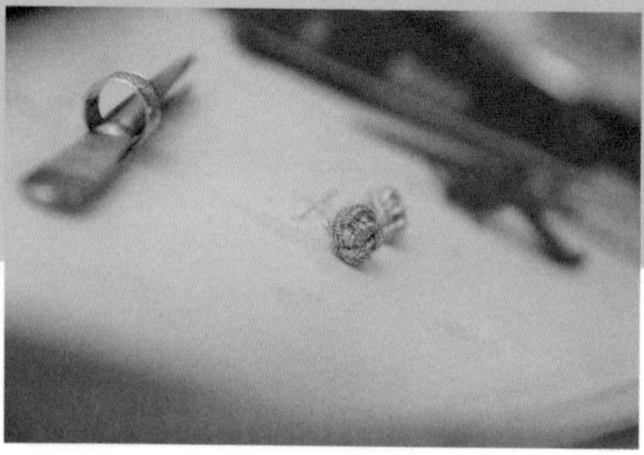

銅線、色線、漿糊、鉗子、剪刀、熨斗全部都是製作花紐的工具和材料。

（下文簡稱浦明華師傅為「浦」，新裝如初為「新」。）

新：浦師傅，「海派」的手工和其他派別有何不同呢？

浦：海派是指出自上海師傅的手藝，因為我跟上海師傅學這門手藝，自然歸類為「海派」。其實也有廣東師傅的「廣派」，但比較少人提及。有人説海派師傅的手工比較好一點，也精緻一點。

新：「浦」這個姓氏在香港很少見，在上海是大姓嗎？

浦：這個我不知道。上海應該也有不少的。（按：今天中國的江蘇、上海、浙江一帶浦氏族人較多；「浦」在百家姓排三百以後。）

新：你幾歲入行做花紐？

浦：大概是十三歲，我爸爸是位裁縫，收入不多，他要養起我們全家五兄弟姊妹。我是大女兒，所以想助爸爸一臂之力，幫補家計。他做旗袍，我做花紐。他問了當時工作的裁縫店老闆娘，也就是我師傅，答應收我為徒。

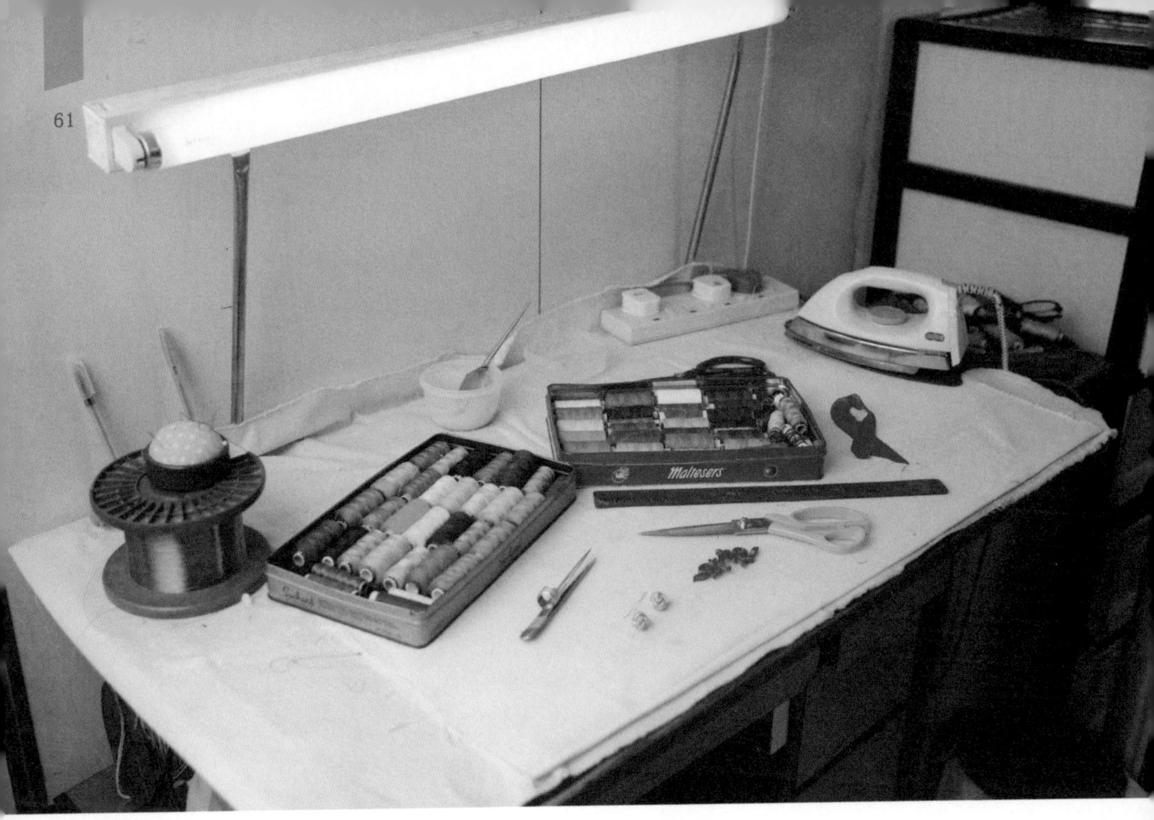

新：那你介意透露你今年多大嗎？

浦：快六十四了。

新：算起來入行五十年吧？

浦：對，這樣就半個世紀。

新：總結你這五十年的花紐製作經驗，一顆花紐最難做是哪個部份？

浦：花紐的紐頭是靈魂，同時也是最難做的，如果你連打紐頭也不會，就沒辦法做下去。當打好了紐頭以後，我們才可以加銅線，之後把細條包好銅線，才開始動手做不同的圖案。

新：做這些圖案，是有依據還是自由發揮的？

浦：都有依據，而且那些數字和刻度已經深深地刻在我的腦海裏，不是亂來的。當年跟師傅學習，光是看，沒有筆錄，也沒得拍照，只靠牢記。花紐有個比例，不能太大或太小，就如大紐放在旗袍的大襟，細紐放在細襟，這些都有細分。

新：花紐有沒有甚麼美的標準？

浦：像我起初做的時候，做得不好師傅會修改一點點，慢慢摸熟以後就知道甚麼是好，甚麼是不好，要靠心領神會。

新：我有看過你之前一些報導，其中一篇説做花紐是下欄功夫，是裁縫師傅不做才讓你們去做，是真的還是假的？

浦：「下欄」？為甚麼會用這種字眼？絕對不是。一般裁縫師傅都會做「一字紐」、「琵琶紐」和「二同紐」；有些師傅自己都會做花紐，只是因為比較費時，所以才交給我們做。

新：做一對花紐要多久？

浦：小的一小時以內吧，如果是大而複雜的，都要三到四小時才能完成。

新：在你印象中，做花紐和做旗袍有沒有黃金時期？

浦：大概是九七前吧，一般在中秋開始到農曆新年是旺季，即使當年我只是兼職，月入也有七、八千塊。但金融風暴以後，市場就靜了很多。加上老一輩的旗袍師傅走的走，退休的退休，這一行亦日漸式微了。

新：那麼後來你為甚麼會開班授徒呢？

浦：我認識一位旗袍師傅，當時我們在同一家綢緞公司工作，他有教人做旗袍的經驗，直到他的一些學生也想學習做花紐，問有沒有人選可以推薦，於是他問了我。那個時候我戰戰兢兢地答應了，沒想到一教就教到現在快十年了。後來我接受了好些傳媒訪問，也做過一些示範，就開始有人知道這門手藝和認識我了。

「紐頭」經過加工後可變成中國風的耳環。

浦師傅在「華服學堂」教授花紐製作。

新：你授徒那麼多年，有沒有一些特別的學生讓你留下深刻印象？

浦：最近有一位三十多歲的男學生，他好像是髮型師來的，對旗袍非常有興趣，他跟了幾位師傅學習做旗袍，又跟我學做花紐，非常認真。我們為期三個月一個課程，他一共上了七個課程直到畢業，可見不是鬧着玩，非常難得。

新：如果有天你退休，有想過找接班人嗎？

浦：我的二女吧！她現在有跟我學習。她說有興趣把這門手藝傳下去。

浦師傅展示過往的花紐作品。

妙「針」生花

范小英師傅

范小英，人稱「范姑娘」，現年七十九歲，花紐師傅，從事這個行業有六十個年頭。過去她一直默默無名，但卻是花紐界的重要一員。這趟寶貴的訪問，是她在兒女及媳婦的鼓勵下促成的。

（下文簡稱范小英師傅為「范」，新裝如初為「新」。）

新：你是幾歲入行？當時的情況是怎樣的？

范：我十九歲入行，但一開始我並不是學習做花紐的，只是替師傅打理一下家頭細務。有一次當其他師姐都下班了，我就拿了點布碎，成功燙出一條「紐耳」來，那時剛好師傅也在場，她可能見我有點天份，加上她喜歡細心的女孩，就說收我為徒，叫我不用做那麼瑣碎的小事了。當時師傅是包食包住的，而且每月發十塊零用錢。

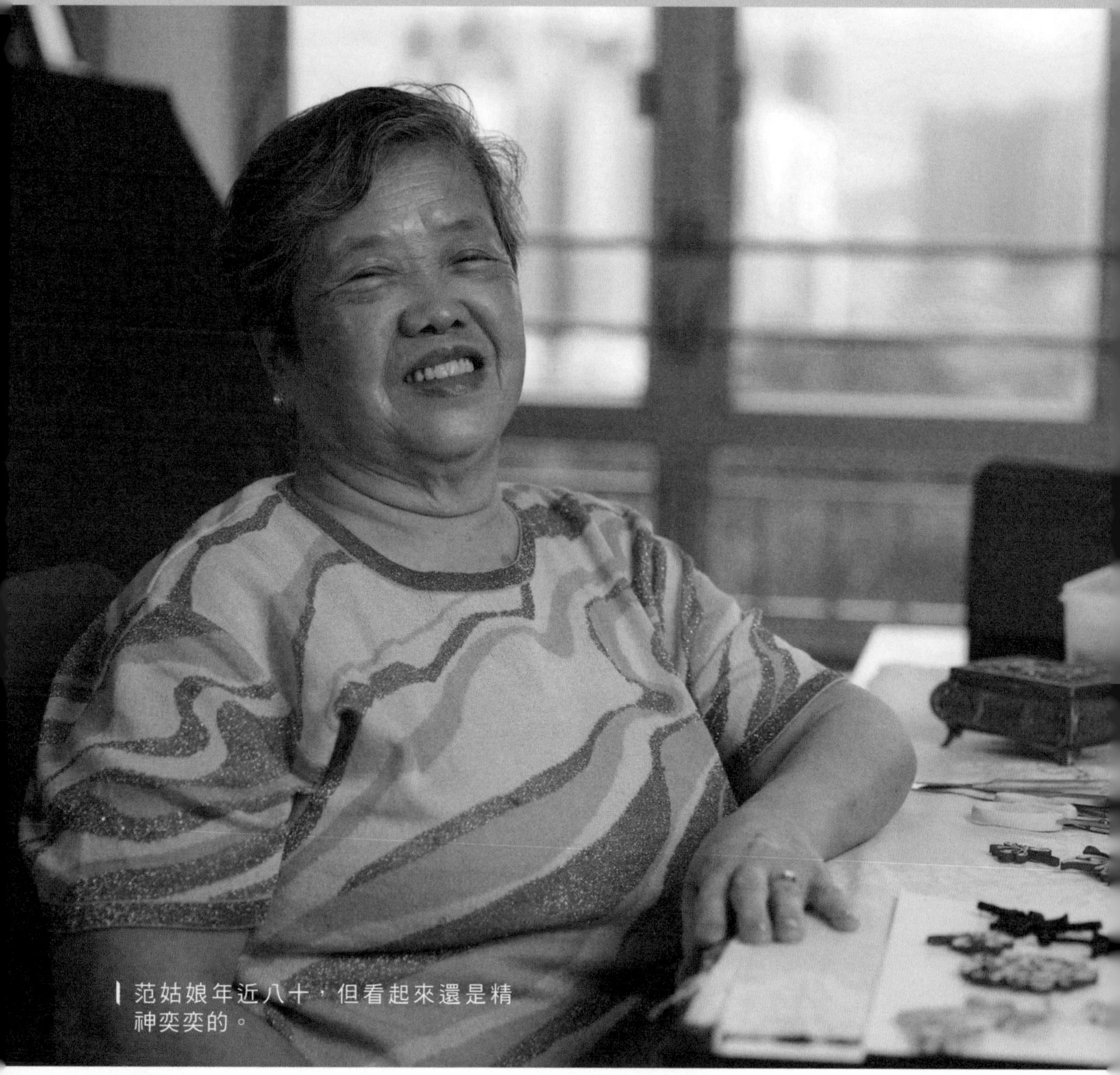

范姑娘年近八十，但看起來還是精神奕奕的。

新：剛才聽你提及「師姐們」，當時是否有很多人和你一起學師？

范：是的，有幾十位師姐妹一齊跟師傅學師，但並不是所有徒弟都留宿，只有好幾個，我是其中之一。當時大家都是邊做邊學，除了賺了份「糧」之外，就是賺了一份友誼。（現在還有聯絡嗎？）都有，但有些移了民，有些都不在了。

顆顆匠心

范姑娘花了兩天時間、特意為訪問做了一批雙色花鈕。

新：那麼你何時才算學滿師呢？

范：人家交學費的一般學兩個月，我呢，就學了一年多。因為我沒有交學費，基本上師傅也算是義務教我，而且每個月還給我十塊錢。滿師以後我就被派往一家裁縫店打工，從那時開始，我就自己做起來了。

新：例如學畫畫，我們可以看一些參考書，那麼做花鈕可以在哪裏找參考？

范：會看看師傅之前做好的樣版，然後自己做一點點修改。當然後來也有一些是自己創作的。

新：那你最喜歡哪一種圖案？有特別的意思嗎？

范：我最喜歡蘭花，其實也沒有甚麼原因，純粹覺得是美。

新：你印象中做花紐有旺季嗎？

范：在一九八八到一九八九年吧。

新：當時收入如何？

范：我有兩個女兒幫忙，高峰期可以賺到四千元收入，四千元在當時來說算是相當不錯了。

新：原來你也有教兒女做花紐？

范：是的，他們每人負責弄一小部份，這樣趕貨會快一點。那個年代誰也會拿一些手作回家做，家裏的小孩也會幫忙。記得有次為了趕一大批貨，捱了兩晚通宵！但當時勝在年輕，也沒甚麼。就我所知，我們交的貨不限香港，也有大批寄到國外去，因為花紐除了用在旗袍和長衫，有時會用在中式褸、棉襖，甚至西式衣服也有。

新：范姑娘，你在這行已經六十年了，怎麼看當中的變化？

范：這行已經式微啦，而且做旗袍的師傅都老了，大多無以為繼。加上現在做一件旗袍要幾千元，不便宜。所以有些人也會租。聽說有人會到深圳買一些現成的紐用機器釘上去，那些不是人手做的紐，不可以算是花紐吧？

吉祥字「壽」，旁邊為「禾」，
喻意豐衣足食、福壽年年。

新：會覺得可惜嗎？

范：可惜是可惜，但新入行也無法生存。

新：范姑娘，我們今天的訪問差不多了，你可以示範一下怎樣做花紐嗎？

范：可以呀。（范姑娘雖近八十，但並沒有老眼昏花，反而俐落地用鉗子屈了幾下，一個圖案的雛型就出來了。她繼而用針線縫合，一朵蘭花就活靈活現地呈現於眼前。）

（左起）媳婦、女兒、兒子都曾經是范姑娘的「徒弟」。

3/4

《別出心裁》第三章

如曾參與《花樣年華》電影內旗袍製作的梁朗光師傅、無綫電視劇及港姐旗袍製作的殷家萬師傅，雖然他們製作的服飾不下一千件，但多為客人所製，即使為香港巨星設計的旗袍及戲服，大都只留下一張照片作紀念。電影、電視劇過後，旗袍還在嗎？

俗語有云：「生娘不及養娘大。」旗袍的製作師傅是華服技藝的關鍵，但對於華服傳承及推廣，善於收藏及妥善保存旗袍的愛好者，其功勞也不少於桃李滿門的大師傅。

第三章　女裝長情

眾裏尋她千百度　長衫客訪談

長年的婀「娜」多姿

華慧娜女士

行動永遠是酷愛的一種最佳證明。傑出企業家華慧娜（原名陳麗冰，隨英國夫婿改姓華），今年八十歲，幾十年來每天穿着旗袍示人，她的一舉手、一投足都儀態萬千，旗袍彷彿已成為了她的個人標記。華太現時家中有超過四百套旗袍，她的部份旗袍更被香港歷史博物館、香港文化博物館和杭州絲綢博物館收藏。

「及膝」旗袍是華太的特定要求。

選用顏色類近的首飾是華太日常的穿搭學問之一。

（下文簡稱華慧娜女士為「華」，新裝如初為「新」。）

新：華太你好，你是從何時開始每天穿旗袍的？

華：大概是中學時期吧，當時我很瘦，只有78磅，穿其他衣服不好看，所以就訂做旗袍來穿，穿上去發現旗袍合身又好看，這個習慣就一直維持到現在了。

新：你有破例不穿旗袍的日子或場合嗎？

華：坐飛機呀，因為飛機的冷氣比較大，雙腿會容易着涼，我就不穿。至於其他大小場合，我也穿旗袍。但我也有些原則，例如白天去觀禮，我一定不穿白色旗袍；晚上去飲宴，我也不穿紅色旗袍，以免搶掉新人或主人家的風頭。

新：華太你真是一個細心又周到的人。你選旗袍的學問是怎樣的？

華：我注重布料，講究圖案。另外，每襲旗袍必備一件襯好的外套，也會搭配不同顏色的手飾、手錶、手袋、高跟鞋，甚至眼鏡以及雨傘。

新：不如先從布料說起？

華：我喜歡在世界不同地方搜羅布料，遇上心頭好會先買下來。因為我一般多在新加坡和馬來西亞出差，所以有不少布料在那邊買回來。

這襲旗袍單是手工費過八千，所以華太只選隆重場合才穿着。

從前香港有很多賣布料的地方，如「花布街」，現在已經沒有了。

我很重視布的質地和圖案，我特別喜歡有「腳花」的。「腳花」上身比較素，下身才有花，一幅布有兩種特色，比起一幅全都是花的布來得特別。而且我甚麼顏色也穿，我常常跟人説，打扮繽紛是因為我有一個彩色的人生。

新：在配搭方面，你有甚麼心得呢？

華：由於旗袍可能予人古老的印象，所以我的外套大多是買現成的，款式會比訂造的更多樣化和新潮。有時候看到合意的外套，我不理家裏有沒有合襯的旗袍，都會先把外套買下來；等到有合襯的旗袍，我才一併穿上。

至於手飾方面，我着重顏色多於金錢上的價值，所以我很喜歡色彩繽紛的半寶石，而且我會不時改鑲它們，這就會有耳目一新的感覺。

新：穿了那麼多年旗袍，有些甚麼細節你一定會堅持？

華：例如我的旗袍一定會滾邊，淨色衣料滾「單色」，花衣料「滾雙色」。我不喜歡開襟或斜襟的，是因為我喜歡戴頸鏈，如果是開襟的話會有影響。又例如開了襟，如兩邊布料接駁得不好，就會破壞圖案，失去了本來的韻味。我有次在上海做旗袍試過有類似的經驗，不想再重蹈覆轍了。

另外，我多穿無袖的旗袍。你想想，如果有袖的再穿上外套，就會隆起來不好看。（冬天也是穿無袖的？）是的，冬天會穿厚衣料的旗袍，再加厚外套就問題不大。還有，雖說潮流時興短裙，但我的旗袍一定是及膝的。你有沒有發現，人的手肘和膝蓋並不特別好看？所以，如果把旗袍做的太短，你坐着時就會露出雙膝，不太漂亮呀。

新：華太你真是十分注重美。可以跟大家分享一下穿旗袍的好處嗎？

華：好呀。第一就是你要保持身材，例如當旗袍的拉鏈拉不上了，就暗示你要適時調節飲食。（這麼多年身材也沒有走樣？）我很幸運，這二十年來我的身型也沒大變。第二就是環保，但這點建基於第一點。第三就是你不會跟別人「撞衫」，就像我穿了那麼多年旗袍，真的沒有跟別人穿過同一款衣裳。即使是名牌時裝，也有分大中小碼，或可能是同款不同色，撞了也不是太好。我覺得出席任何場合，穿旗袍是相當有體面的，不會過火或失格調。

新：我知道你先生十分喜歡你穿旗袍，你這麼多年以來堅持穿旗袍，算是為他而穿嗎？

華：一部份吧！他是英國人，卻鍾情中國文化。如果我穿旗袍以外的衣服，問他好不好看，他總會說：「So so, you look better in cheongsam.」而且我覺得穿旗袍可以宏揚中國傳統文化。

萬麗叢中「旗袍男」

袁建偉先生

收藏長衫，很多人以為是女士的閨閣喜好，但城中卻有一位「旗袍男」，家中藏有過千件長衫和旗袍，大多是愛好者或親屬捐贈得來。身為電影服裝指導，八十後的他不遺餘力地推廣本土長衫文化。

女裝長情

八十後的袁建偉先生在電台接受訪問時，因愛好而被起了「旗袍男」的綽號。

一件長衫最重要的價值，來自它的故事和背後的一份情。

（下文簡稱袁建偉先生為「袁」，新裝如初為「新」。）

新：袁先生你好！由何時開始你有收藏長衫的嗜好？

袁：正式儲第一件長衫是由十九歲開始，但它被我拆散了研究，已經不存在於世上。

新：你為甚麼會有這個愛好呢？

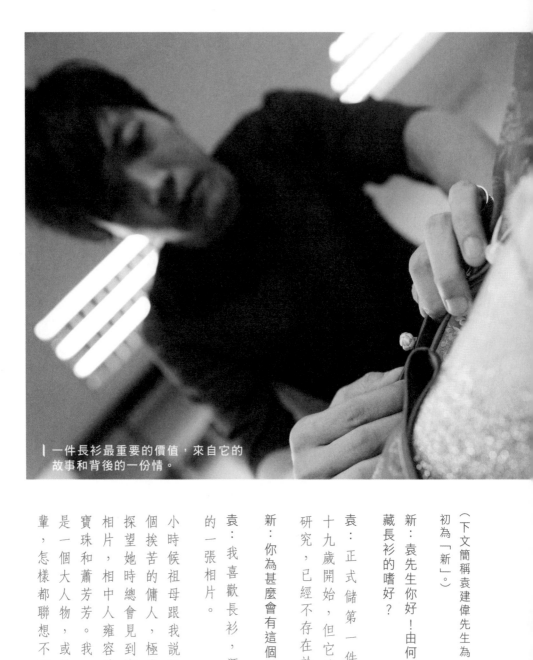

袁：我喜歡長衫，源自我祖母的一張相片。

小時候祖母跟我說她以前是一個挨苦的傭人，極度窮困，而探望她時總會見到床頭有一張相片，相中人雍容華貴得似陳寶珠和蕭芳芳。我一直以為那是一個大人物，或是去世的長輩，怎樣都聯想不到正是我祖

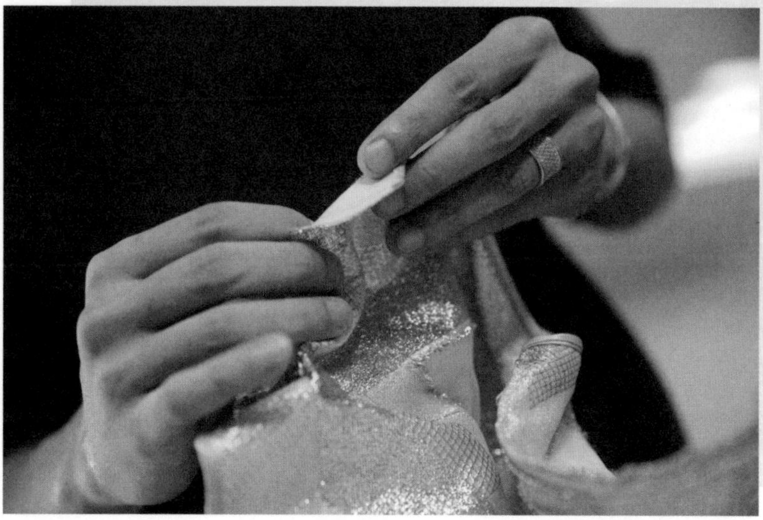

母。我由小學三年級疑惑到六年級，一直追問，直到中學才證實確是我祖母。我很驚訝，原來換上一套長衫，抹上淡妝，一個傭人的形象可以變成一個明星。所以我便開始追尋長衫。

新：你追尋的過程到現在已藏有過千件長衫，在你眼中漂亮的長衫要有甚麼特質？

袁：在我的角度，製作的意義比長衫師傅的酬金、手工和布料更重要。我接觸過不少長衫的捐贈者或愛好者，他們跟我分享做衫的原因：例如有師傅會做衫送給兒子娶老婆，有些會做衫給太太在拍拖時穿上，意義比所有都重要。

新：你最喜歡的長衫是哪一件？

袁：我師父替他女兒做的那件，原因是那份情誼。我覺得一個男人為一個女人做衫是一件很浪漫的事。

新：你剛才說起「師父」，你有拜師學做衫嗎？

袁：我有拜師，拜封有才師傅為師學做旗袍。其實拜師之路不易，我由零七年開始試過找十個以上師傅，包括在國內和台灣的都嘗試過。那時總會聽到某某師傅過身，所以我覺得不能再等，我不止想收藏長衫和旗袍，更想知道如何做衫。屢次拜師不果後，機遇巧合上了電台受訪，而封師傅碰巧聽到這節目，便聯絡我、肯教我做長衫。他一直不答應收我為徒，直至我結婚。

新：甚麼是「他一直肯教你，但不肯收你為徒」？

袁：他教了我三年，但名義上他一直不肯認我為徒。我真的當他是父親，就在我結婚婚宴上，我請師父坐下，原本他不依，我和太太跪下來斟茶，他才肯正式收我為徒。我和太太的結婚戒指都是由師父給我的裁縫頂針改造而成。

新：聽說你想推行「民間旗袍日」，又是甚麼一回事？

袁：我在二月四日結婚，同一日我得到世間上兩個重要的人——我太太還有我師父，所以我自發地訂了當日做「民間旗袍日」。（何為旗袍日？）我總聽到旗袍收藏者申訴沒有場合、理由去做旗袍——旗袍的

袁建偉家中藏有過千件長衫和旗袍，大多由愛好者及他們的家人捐贈。

確賣得貴，而很多人沒有場合需要穿一件旗袍。

新：所以旗袍日是給大家一個藉口做旗袍？

袁：我研究過不同亞洲國家對國服的尊重，例如香港女生會去日本特意租和服來穿，卻沒有香港女生會特意做一件旗袍。我想，不如就有一日大家都穿旗袍吧。我實在很羨慕和妒忌女生可以穿旗袍但不穿，我是男生，就不能穿了。

新：男生不是有長衫嗎？

袁：不是女裝的那回事了。旗袍會修身，把身體所有線條都顯露出來，而男裝不會，男裝是闊袍。

新：你會覺得誰穿旗袍穿得最好看？

袁：現今穿旗袍最好看的當然是我太太，第二是張曼玉，無庸置疑。

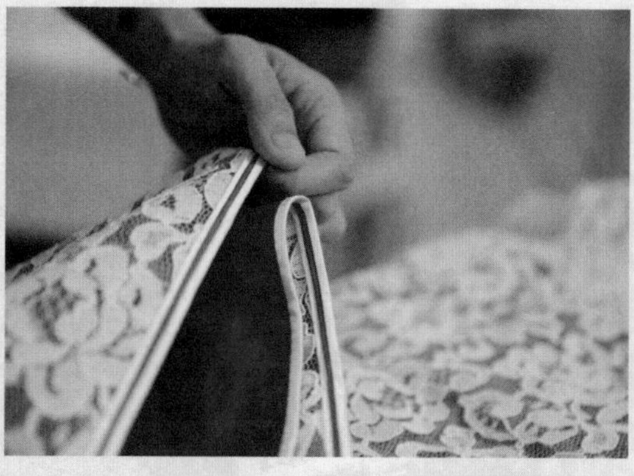

他認為一個男人為一個女人做旗袍，是一件很浪漫的事 。

第四章 新瓶老酒 脫胎不換骨

當代華服復古不守舊・新穎不棄本

4/4

《別出心裁》第四章

從老師傅們面對的困境得知，長衫的推廣與普及，需要新鮮血液加入，需要改革，需要創新，需要賦予其嶄新的演繹。

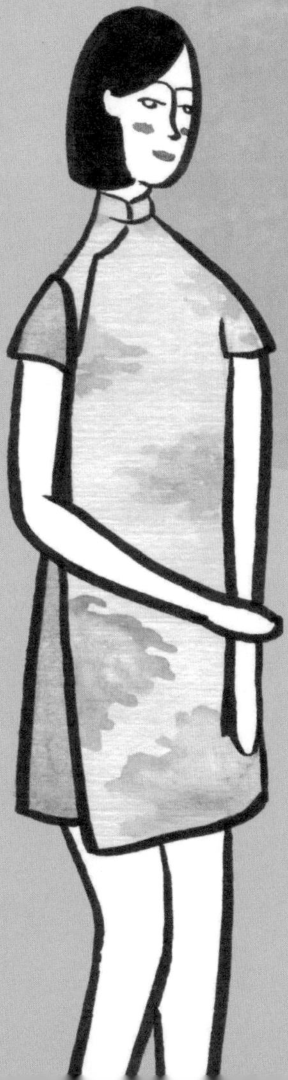

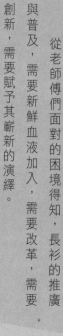

新裝演繹

在2016年的香港，如果看見有人穿着傳統旗袍在街上行走，心裏可能會說：「拍戲咩?!」誠然，傳統旗袍的花式及布料非常隆重，與婚紗、晚裝無異，所以多見於中式婚禮。若在普通場合穿上傳統旗袍，自然引人嘩然。

不過，有人穿，就有人關注，華服文化也可再度成為時尚。「新裝如初」在華服設計中加入西方潮流元素如布料及剪裁概念，華服不離地，自然可以於一般的社交場合和工作環境中穿着。

我們邀請了16位香港各行各業的翹楚帶來新裝演繹，展示他們在日常生活中穿着華服的獨特風格，出眾而不出位，體現新裝如初。

毛筆書法家

認識「Draword ー畫字」的人，一定有聽過他的一句名言：「用文字結緣」。

Winfred 身上的牛仔唐裝外套，正是「Draword ー畫字」與「新裝如初」因文字結緣的展覽作品——《心青畫字書法設計展》。Winfred 在外套上親手寫上不同筆劃的形態，將書法和服裝結合，繪畫出一件屬於「畫字」與「新裝如初」獨一無二的有「字衫」。

「書法有一種連貫的感覺，但寫在紙上太平面了；而服裝（字衫・點撇系列）就可以將平面的事物立體化和完美呈現，這是我非常喜歡的地方。」

有聲文化

「Draword｜畫字」創辦人Winfred Hung，本地毛筆書法設計者。中學從文，大學從商，工作從藝。網上世界分享創作，現實世界教授書法。宏觀目標是將傳統書法融入現代生活，微觀目標是用文字結緣。

插畫家

Prudence 個性開朗，隨心隨性，不但作品人見人愛，帶給大家一種開心夢幻感，她個人更有一種親和力。

所以不難想像 Prudence 的個人服裝喜好，她選擇新裝如初的服裝會偏向穿着容易、寬鬆自在。服裝不是左右她活動的一件物件，而是令她更表現到她的率性。

「《花樣年華》？我常覺得自己沒有資格去穿，因為我沒有『38、24、36』的條件；但是我現在穿上這身衣服，我對自己充滿信心。中式衫，原來有好多不同的演繹方法。」

有聲文化

Prudence，於 2000 年創辦本地創作品牌「Chocolate Rain」，以想像力和初心，創造夢境般的美好故事和展覽，鼓勵年輕人熱愛環境，釋放正能量和創造力。2010 獲得十大傑出設計師，2012 年榮列香港十大傑出青年。

多媒體工作者

LAW少穿起白色棉麻暗條唐裝，扣起紐扣端莊斯文，彬彬有體。一件白色恤衫和一件白色唐裝，你會如何選擇？

「心要靜，好像才能襯得上這件唐裝。」

有聲文化

許耀斌（LAW 少）多媒體工作者，港大法律系畢業，曾於電台工作多年，著作《原來在沒有盼望的地方才需要盼望》記錄「哥哥」張國榮上思覺失調而自殺的故事。

作家

斜領斜襟，原身布紐扣、腰帶，淺灰直身旗袍裙。太初配上頭飾、白涼鞋配格仔襪，時尚自然，淡淡文化氣息。

「如果大家都再次穿上中式服裝，可能原因是想追問你自己：『你是誰』？」

有聲文化

方太初，香港作家，著有《浮世物哀》、《另一處所在》、《衣飾無憂》。作品收入香港及韓國等地的小説選集，曾撰寫「浮世物哀」、「薄物細故」、「一物兩寫」等專欄。

飾品設計師×紙藝設計師

男的言談舉止不拘束、豪放自然。
女的精心、細緻、認真、靈巧。
這對一凹一凸的設計師組合，將他們個人性格溶入新裝如初服裝、溶入現代味道。

「原來做一件中式衫，做的時間是長的，即是和我們說的fast fashion『反傳統』；fast fashion好像是主流，做中式衫反而是小眾的事。」

有聲文化

Zoe Siu，2007 年畢業於香港理工大學，主修時裝設計。ZO-EE 創辦人，品牌主要運用傳統繩結技巧，融入充滿現代感的飾物結構中，突顯新舊元素碰撞出來的化學作用，製作出高品質的時尚飾物。

黎意雄，紙藝設計單位 Stickyline 創辦人之一，利用紙張為基礎，通過摺疊來打造作品，曾參與舞台製作、櫥窗設計、燈飾、服裝配飾等。

區議員

社區工作需要外出與不同街坊互動交流，楊雪盈選擇新裝如初的企領上衣配闊褲，輕便自在。

「因為這個文化，我們選擇了這個類別的衫，而我們穿着上街，其實可以影響其他人對這件衫的想像。」

有聲文化

楊雪盈，2016年上任的灣仔區議員。喜於生活有關的事，專於文化藝術政策研究。公民平台、知識為本、多元社區和永續生活，是思考及努力的方向。

時裝設計師

衣着個性化是時裝設計師身份的象徵，隨意挑選一件女裝闊袍大袖唐裝，楊展一樣駕輕就熟。

深淺綠橫紋筆觸圖案，附在一向全黑打扮的楊展身上，的確豁人耳目。特別一提，這件唐裝前中位置的兩條飾帶為「祝福帶」，喻意平安快樂。

「由cutting開始，我不想做一個古人，我要如何做一件有現代感、時尚感的中式衫呢？我會將中式衫的細節放入日常衣着裏面。」

有聲文化

楊展，「Yeung Chin」創辦人，香港時裝設計師，喜愛接受挑戰，顛覆傳統時裝理念，從試驗和失敗中尋找新的設計美學，以另類手法表現新時裝藝術。設計講求解構再重組為新的形狀。

手刺紋身師

外剛內柔、順性率直、愛神秘性感的大狗，選擇修身高叉、蝴蝶帶細節的牛仔旗袍，加上她一長一短秀髮、休閒涼鞋，配搭盡顯個性。

「中式服裝對我來說，是一件很莊嚴、很尊重、很幽雅的一件事。」

有聲文化

大狗，本地手刺紋身師。

喜歡做自己，亦喜歡叫人做自己。

紋身是承諾。

透過圖案，勝過千言萬語，在皮膚上寫日記。

武術導師

「武術＋長衫」最能突顯男士魅力。

也總覺得穿着來練武的長衫，舉手投足都能舒適隨意。不單單是練武時才穿，而且更是習武者的家常便服。

「我主要練的是傳統中國功夫，所以本身也很喜歡傳統中國文化，包括服飾，很喜歡一些有中國味道的時裝。」

有聲文化

陳志忠（Wilson）習武多年，現為武術導師，曾贏得2011年傳統南拳武術比賽銀牌，無綫節目《功夫新星》打入八強，亦曾為電台拍攝節目《功夫傳奇2》。自小已喜歡研究不同派別的功夫，14歲開始拜師，近年醉心廣州岑能門派詠春，致力將武術發揚光大。

數學搖滾樂隊Bass手

玩搖滾樂的唐千邦，跟他自己介紹一樣瀟灑自由，穿上麻質洗水唐裝，配搭隨意自然、不拘小節，好似在說：「我就是我」。

「我追尋反叛的生活態度。我喜歡揀些獨特、風格濃厚的衫，例如工作服和古着，會令我有種『工人挑戰資本主義』，或者『活在過去、挑戰現在』的感覺。」

有聲文化

唐千邦，本地數學搖滾樂隊「話梅鹿」Bass手，水電工詩人，一個熱愛自由空氣的男子。

本地樂隊主音

打破旗袍舊有配搭框架，Ashley 穿上新裝如初牛仔旗袍，配上波鞋與襪，青春活力十足。

「原來可以用牛仔布或者一些特別的質料去做旗袍，我覺得這感覺幾好，將中式服裝加新的元素是很好玩的事。」

Ashley，本地樂隊「小紅帽」主音。唱歌係因為覺得最唔麻煩，衝動得覺得自己好冇腦。

茶藝家

茶道，是通過品嚐茶而達致修心養性的生活藝術，從沏茶、賞茶、聞茶、飲茶的過程中體現禮儀之道。

茶起源於中國，因此修習茶道的都會穿上華服，全套禮儀講究「由外到內」，為了讓茶道也成為潮流的品味，「品然茶道」創辦人去年也曾與「新裝如初」crossover，向相互的愛好者介紹自家的理念及特色。

修習茶道，配上新裝，茶味也許更濃。

「我相信這個景象會很浪漫，如果在五至十年之後帶起潮流，也能夠將它性感的一面表現出來。」

有聲文化

梁藝桐，品然茶事創辦人，評茶及茶藝導師。

專業人士

中式時裝與工作相融是一件美好的景象，也是喻意「中式時代」正式臨到。

相信兩位專業人士身穿中式時裝，不論是在職場或宴會，所帶來的好印象必比一般時裝來得容易，展現着華人女性的獨立自主和優雅氣質。

「因為我的工作經常要見客，或者出席公司的活動，所以揀的衫都會配合我的專業形象；但專業得來，也不想太平實、保守，最好有些細節位可以表現我的性格，求突變，有些新的元素。」

有聲文化

Ginette，現為保險公司 AIA Portfolio Management District 前線銷售工作經理。喜歡旅行，擴闊眼界，接觸新事物。

朱曉君（Kathy），專業會計師，曾於國際會計師事務所為多家上市公司作審計工作，現職香港友邦資產管理區域，為個人及家庭客戶提供保險、理財和家族信託服務。

廚師・餐飲業公關顧問

見趙燕湄選擇新裝如初這旗袍時，我便第一時間問道：「穿了這件旗袍你能自在煮食嗎？」

趙燕湄完全打破了一位廚師給人的印象，穿上旗袍不但活動自如，原來可以如此高貴優雅。

「中式衫給人的印象好像是只有黃皮膚、黑頭髮的人才能穿，但是我有些外國朋友，他們穿起唐裝或者旗袍，出來的效果會令人很驚喜。」

有聲文化

趙燕湄，food allee 總監兼創辦人。在瑞士留學十多年，因此鍛煉出一手出色廚藝。2011年，回港開設私房菜館 food allee。現轉型為餐飲業公關顧問，為企業客戶及政府機構舉辦講座、工作坊、內部會議等活動。

華服學堂

古語說得好：「授人以魚不如授人以漁」。
這句話用在華服推廣上一樣適合——
「授人以衫，不如授人以造衫」。

道理其實很簡單，長衫只是物，做衫卻是技能，
一件衣服能解一時之荒，卻不能解長久之饑，如果想
讓華服永遠流傳下去，那就要學會其製作方法。

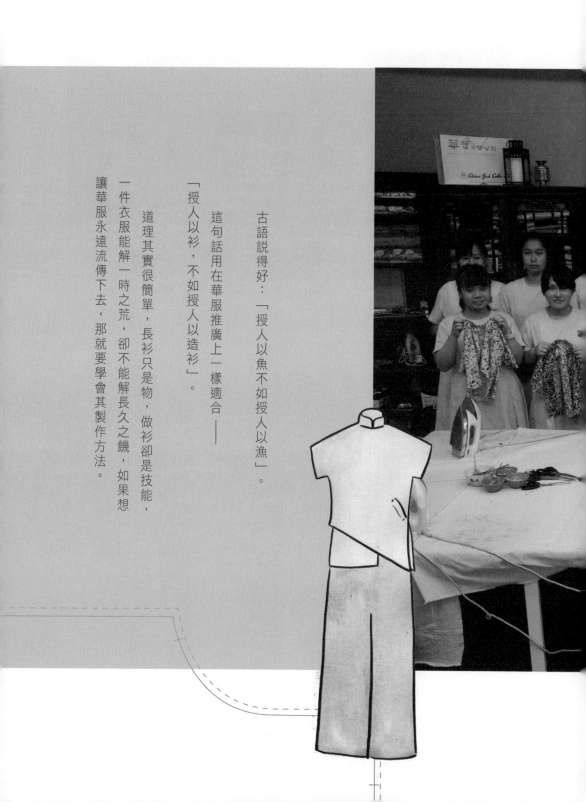

BB 長衫班大合照

成立初衷

很多人覺得長衫、華服價錢高昂，且不明白價格如此之高的原因在哪裏。而事實就是，貴在手工，貴在一針一線的「密密縫」裏。

成立學堂的初衷，是想給大家傳達一個信念：華服並非高不可攀，也並非只有專業裁縫才能夠做得出；任何人都可以通過不同程度的學習，做出一件似模似樣的衣裳。通過親自動手，不僅能認識到中華文化、掌握製作華服的基本技巧，還可瞭解服飾的特徵和演變，學習量身及製作紙樣，並掌握初級針步及車縫技巧。

開展華服學堂之後，幾乎所有學員課後的感觸都是：「原來做衣服真的不簡單！」、「一個企領一粒紐都要做一小時！」、「我再也不抱怨長衫貴了！」等等。誠然，只有親手做過，才知道手工藝是多麼矜貴，懂得更加珍惜以針傳情的華服之美。

長衫製作班

「長衫」在香港是一特有名詞，並非指「長的衫」而是一件「連身裙」，短至膝蓋上或長至腳踝均可，不用配下裳。但在新時代，穿傳統長衫並非人人接受，學員上堂時都會按個人喜好和需要裁製適合自己長短的「新裝」—製作配下裳的「大襟短衫」。

步步爲營

從一人教授，壯大到如今已有一個達四十餘人的學徒團隊；從一開始只有一種教授製作小童長衫初階課程，發展到如今架構清晰的華服學堂。

以傳承中華服裝文化傳統為宗旨，致力研究、彰顯及推廣華服文化的博大精髓，並開設「六個」不同範疇的「學堂」以凝聚華服愛好者、促進業界人士或相關機構的合作與發展。「學堂」定期開辦工作坊、講座、研討會、短期及專業重點課程，為有興趣認識華服及／或有志投身與華服相關行業的新生學子，設計一系列既有趣同時實用且專業的課程。「學堂」範疇包括：親子學堂、體驗學堂、文化學堂、工藝學堂、配飾學堂、創意學堂。

桃李芬芳

參與學堂的人來自社會各界，有學生、教師、護士、商人等等，男女、老少、母子、夫婦組合層出不窮。但每一個人到了學堂，平日的身份與盔甲都卸下，轉而變成一個華服愛好者，一名純粹的手工藝者。

所以，學堂裏沒有所謂的競爭，取而代之的，是專注的眼神，是看似笨拙卻毫無放棄跡象的雙手。氣氛隨上堂進度時而嚴肅，時而充滿歡聲笑語。最重要的，是每一位學員都有收穫而歸。是收穫了一件長衫，一門手藝？還是收穫了耐心，或者和朋友家人的關係更進一步？只有當事人自己最清楚。

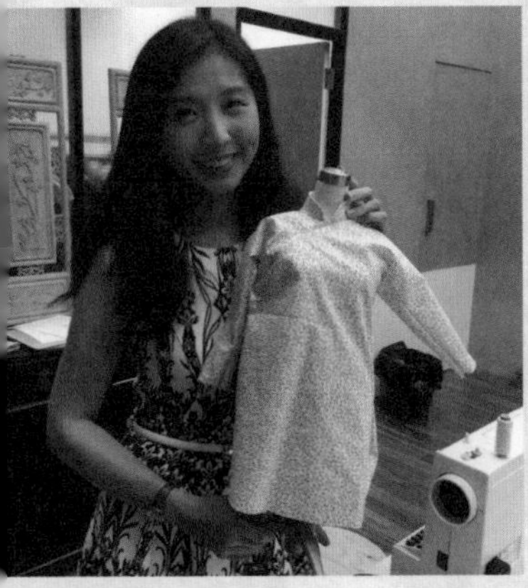

Day 3

試身、修改紙樣

裁布

Day 5

檢查功課：面及裡布

合併、上拉鍊

上領示範

上領

上鈕、修剪下擺

裁布

Day 4

打胸褶、腰褶

裡布鏡面處理

面及裡布合併

上拉鍊及挑針示範

熨布

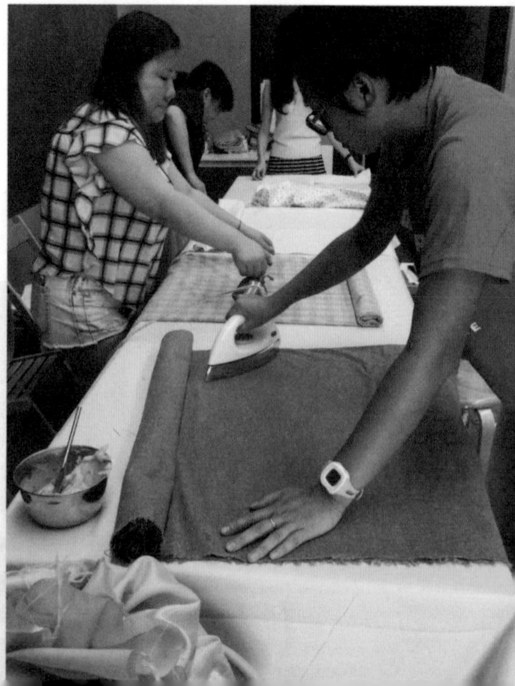

度身

Day 2

修改同學推碼紙樣

剪扣布、車縫扣布

試身、修改紙樣

出紙樣

Day 1

工具及布料介紹

度身

紙樣介紹

基碼紙樣及推碼示範

以同學尺碼示範推碼

一針一線親自製成長衫，穿上身的是滿足感與成功感。

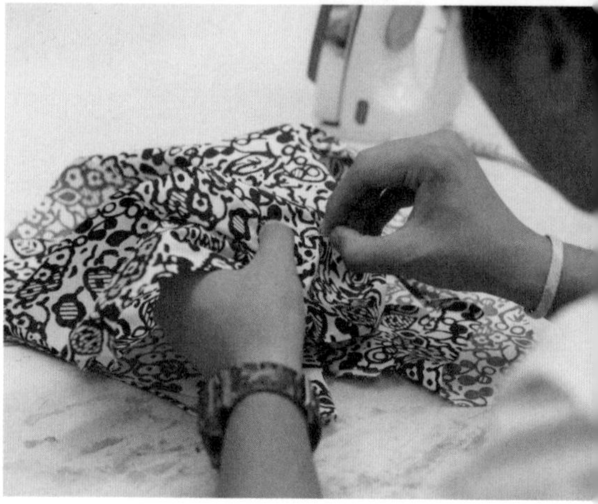

六歲小朋友使用衣車的初體驗

學生練習手針製作

教授小童長衫製作

製作領位

縫紉點滴

學堂成立的宗旨，是希望將華服製作普及化，傳承這門屬於香港人的手工藝。雖然技藝並非高不可攀，但對於仍未用過針、線的同學，駕馭一台衣車，確實不比考取一個駕駛執照般容易。

辛苦的背後，一定有收穫。但同學們在報名參加前，又為了什麼挑戰自己十個手指頭的韌性？在此篇，幾位來自不同背景的同學分享他們於學堂的縫紉點滴。

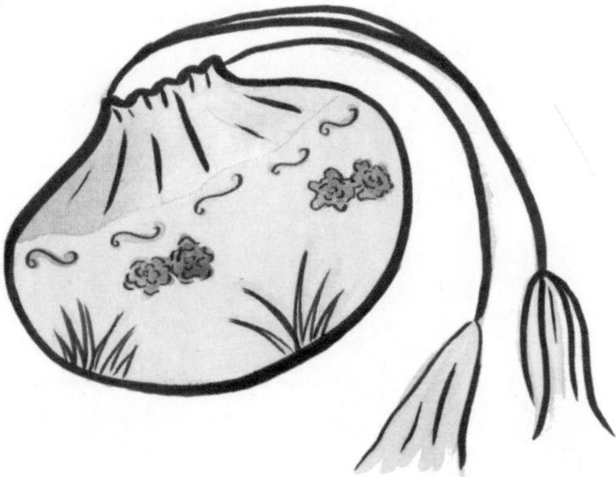

學生雯雯

雯雯，今年二十餘歲，剛剛畢業了大概一年，現在是記者，平日興趣是看書和聽音樂。對做長衫有興趣，於是就參加體驗課程，想學多一樣手藝。

（下文簡稱雯雯為「雯」，新裝如初為「新」。）

新：為甚麼那時有興趣參加這個長衫製作班，是誰讓你下定決心參加的？

雯：一開始是因為我看到Facebook上有很多人會分享這間店，覺得衣服很好看！然後進來一看，發現原來還有製

雯雯認為課堂雖然有難度，但是親手製成一做長衫，從中獲益良多。

作班，反正那時我放假，時間很多，就不如學一下，接觸一下，感覺很好玩。

新：那你是想做長衫給自己，還是做給家人朋友？

雯：我一開始是想做給自己的，之後有想過學得好的話也可以做給身邊的人，剛好現在有同事懷孕了，我可以給她的寶寶做件衣服，衣服很可愛，手作很有意義。

九十後長衫課學生雯雯畢業於中文系，對中國文化有濃厚興趣 。

縫紉點滴

| 雯雯對長衫認識多了，更學多了一門手藝 。

新：你可以跟我們分享一下你上課的經歷，或者你的感受嗎？

雯：時間也不算長，只是四個星期，我覺得第一堂是最辛苦的，因為我完全一頭霧水，不知道自己要幹甚麼，我看隔座做甚麼就跟着做。有些時候因為上課時間很短，而我完全沒有接觸過製衣的工序，就會覺得很亂，手腳都不協調，要一直找老師，一直偷看別人。但至少可以説是零的突破。

新：你有甚麼新的體驗？

雯：我覺得最大的新體會，就是我培養到有更大的耐性，而且走每一步之前，都要先想好下一步該怎樣做。因為前面一錯，後面都會錯，就像下棋一樣。

新：你覺得老師怎麼樣？

雯：她很nice，也很有耐性，但有時候看見她很認真，我就會很緊張，但是不懂時問她甚麼，她都會一次、兩次、三次不厭其煩地教你。

新：最後完成了衣服有沒有成就感？

雯：有呀，但我想中間最大的成就感是：我敢發問了。因為很多時候，你會因為顧面子而不敢發問，然後你就會想為甚麼別人可以，自己卻不成？憋着一口氣，一直在想：「哼我自己來，我自己來！」可最後真的搞不定，你還是要逼於無奈開口問，事後問完你卻發現老師其實很願意教你。你就覺得那個成就感是你敢問，你敢承認自己不懂。

新：你覺得自己有甚麼收穫？

雯：無論自信方面，或是才藝方面都有。至少我對這個行業會有認識，自己

除了培養耐性，長衫課更令雯雯變得敢言敢問。

的興趣增加了，或者也會多了一樣手藝。我覺得性格上改變是最大的：會比較有耐性，而且最重要也是我剛剛說過，就是我會願意發問，我敢去發問。而且更會想辦法解決問題，而不是一直推給別人。

新：之前你也說過你讀中文系，職業是記者，需要出鏡，那你覺得你的學歷背景、職業背景，和現在你做衣服有關係嗎？

雯：我覺得可能本身讀中文，文化或學歷背景會跟做長衫的關係緊密一些，因為很直接，你會了解更多盛唐至今的中國文化的一部份。但是職業方面，暫時連繫不大。因為可能是從事新聞業，或是所謂電視圈，凡事都要講求「快」，甚麼都要快，要讓公眾有第一手資訊。跟現在流行的快餐文化一樣，大家就不可能好好靜下來欣賞一件衣服，那份已經失落的美。我本身要出鏡，會希望有一天穿着自己做的衣服，站在鏡頭前面告訴別人，這就是我們這個華人地區獨有的美。

現職從事新聞業的她希望有天能在鏡頭前穿上自己做的華服。

學生Angel和Tony

Angel，家庭主婦，平日空閒；兒子Tony，剛剛在英國修讀時裝設計畢業，先放一個悠長假期。

Angel 和 Tony 是長衫課的第一對母子檔，感情深厚。

縫紉點滴

（下文簡稱Angel為「A」，Tony為「T」，新裝如初為「新」。）

新：你們為甚麼有興趣參加這個班？

A：最主要是我在Facebook看到，見到後問他有沒有興趣—畢竟他讀時裝設計，這對他讀碩士有幫助。他先去上了長衫BB班，覺得不錯，我們再一起上課。因為我真的很希望他可以親手做一件長衫給我，大家一起上課，他便可以度我的尺寸去做。

T：我想從這課程學會中國做衫的元素，他日可以應用在外國。

問：之前有沒有報過類似興趣班？

A：想報蛋糕班，但他總在英國，時間還就不來，難得今年他整年都在香港，所以便很想和他一起做些東西。而衣服可以流傳下去，或者幾十年後他可以跟孩子說：「看！我做過一件衫給你祖母！」感覺多快樂！

T：蛋糕吃了就沒了，但衣服可以留得久。

新：可以分享你們上課的心得嗎？

做長衫不容易，但完成後的滿足感非凡。

A：這四堂時間過得很快，我以前從未試過車衣，由畫紙樣、剪布等都有難度，幸好兒子會教我，就連車衣都有學問，所以我很開心。而且很奇怪，當你忘我地做一件事，你會忘記肚餓。這是一個很好的體驗。

T：雖然我之前讀時裝設計，但在這裏都有得着，始終在學校老師把知識教授給學生，與這裏實戰不同。碰巧過了四堂後就到母親節，真好，可以做一件衫送給媽媽。

問：西方的設計學校和這裏有甚麼不同？

T：整個教育方式都不同，因為在學校，老師每教一步，你就要跟着做每一步，再給他看成果；在這裏可以看到整個過程，從中學習再自己去做。學校整件衣服都用衣車做，這裏有不少步驟需要一針一線地縫。

問：今次造衫和學校時又有甚麼不同呢？

A：畢竟在學校是有一個目的去做一個系列的衣服，以供畢業，這裏純粹是輕鬆做一件禮物給媽媽，感覺很不同。

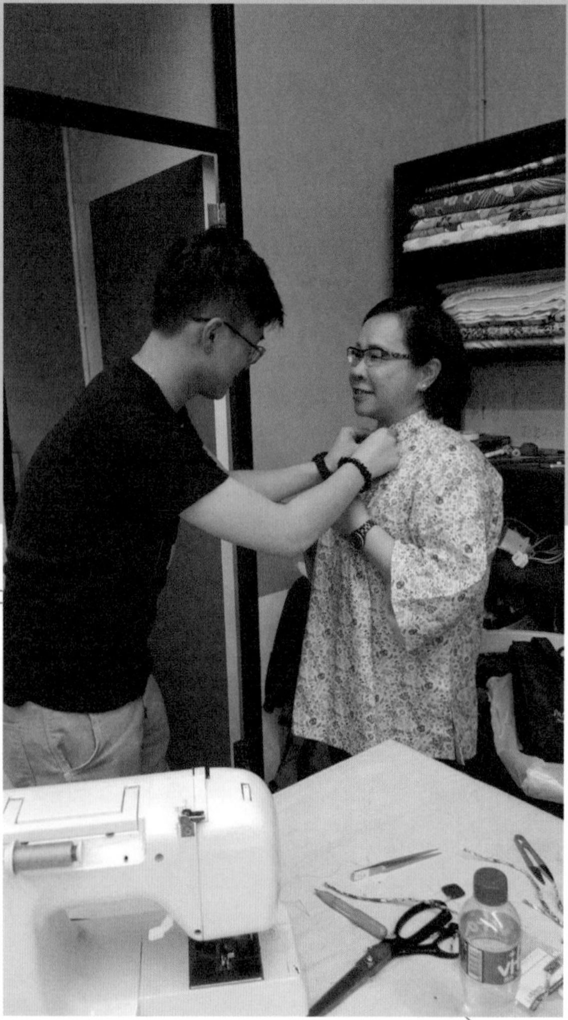

受西方時裝設計教育的Tony在長衫課中也獲益不少。

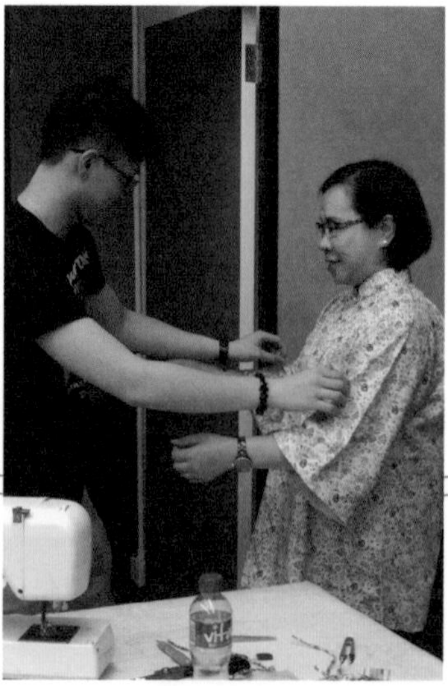

新：媽媽第一次做衫最困難的地方是甚麼？

A：最困難是上領和貼位，剪布都不太好。原來剪布剪得不好，會影響上領和整體美觀性。

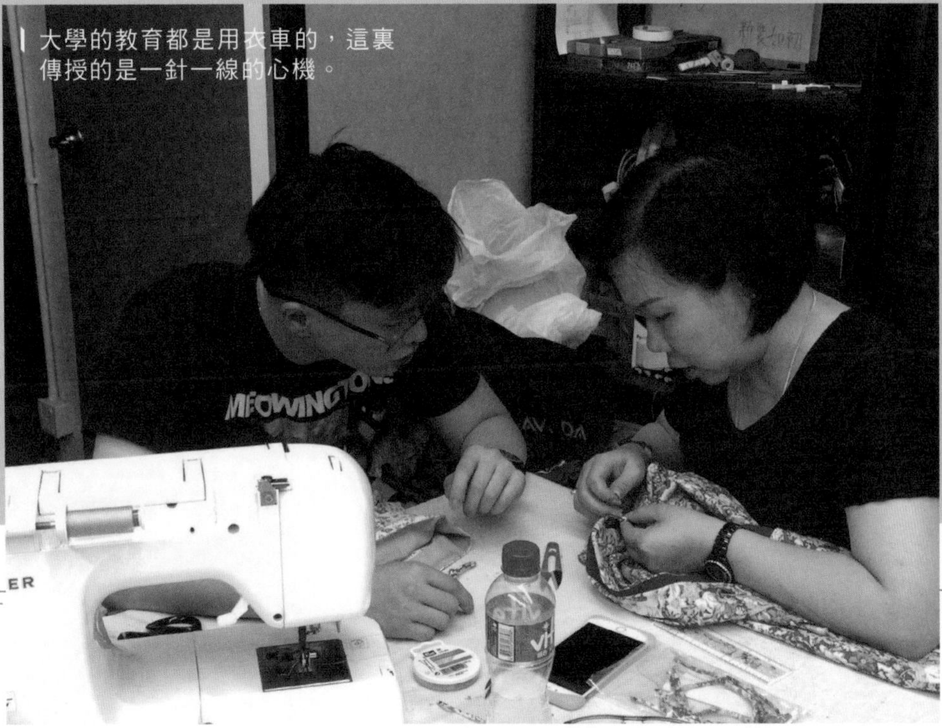

大學的教育都是用衣車的，這裏傳授的是一針一線的心機。

新：你們作為長衫班的第一對母子檔，有沒有特別感想？

A：有同學會替我們拍照。

T：我總會拍下媽媽失敗照，現在拿來看挺惹笑！

新：最難忘的會是……？

A：最難忘當然是衫做成了，兒子替我穿上的那一刻。很感動，因為沒有想過自己兒子會替自己做衫，這是我的夢想。有時會想，不論孩子做哪行，父母未必可以擁有孩子努力的成果，但至少這一刻我真的擁有這件衫。

A：難忘是看着媽媽由甚麼都不懂，到真的做到一件衫出來，有點感動。

學生阿麗

阿麗，前銀行職員，三年前誕下了女兒後，轉為全職媽媽。時間不見得更充裕（全職媽媽其實很忙碌），但她想在空餘時間放鬆自己。做衫，是她其中一項熱愛的興趣，之前會做衫給女兒的洋娃娃以作替換，久而久之，會想做衫給女兒，又不想馬虎了事；想做一件認真可以穿着逛街的衣服，既可作為留念，女兒亦會喜歡。

初上學徒班做 BB 長衫給女兒，除了喜歡製成品外，她喜歡做衫的恬靜。

（下文簡稱阿麗為「麗」，新裝如初為「新」。）

新：究竟你從何得知這課程？

麗：我從小到大便喜歡中式長衫。很幸運，大概一年前在 Facebook 認識到「新裝如初」，衣服很吸引，還設有課程讓人親自做長衫，不禁心動，但當時長衫教室離家比較遠，所以一直猶豫。後來機緣巧合，今年初見到「新裝如初」有一個學徒計劃，相信能學得更深入，於是就立下決心，逢周日騰出三、四個小時試一試。學完真的很開心，更認識到一班熱愛長衫、志同道合的朋友。

阿麗誕下女兒後當全職媽媽，自小對做衫有熱誠。

新：可以分享一下在長衫班的學習心得嗎？

麗：先說學徒班，我們學習做簡單的童裝長衫，這個經驗很愉快。其實課程內容都算是緊湊，我們要在三個小時內完成一件長衫，回家後還需要做兩、三個小時的針挑，但每個同學都可以從中得到很大的滿足感。

那件長衫是靠自己、由零開始親手去做，做完後可以讓我那一、兩歲的孩子穿上，完全合身。而同學都是用上興趣班的輕鬆心態上課，相當減壓；三個小時的課程轉眼便完成，所以過程難忘。

女兒問阿麗：「長大後我會做衫嗎？」阿麗回答 ：「你長大一點，我便教你拿針線 。 」

新：長衫班和其他興趣班有甚麼分別呢？

麗：差別很大！以前做銀行工，要上一些金融課，都令人很緊張，我們總要計數、留意時事和不斷分析。但做衫可以讓人放下一切，慢慢來，專注做一件事，我相信這課程非常適合生活步伐急促的香港人。

新：在新裝如初的長衫班上有遇上甚麼難題？

麗：我們要學習做衫的技巧，而有時困難在於我們不夠堅持。例如我完成學徒班後，仍然對做衫很有興趣，於是便參加了唐裝衫課程。但是那全日制課程嚇怕了人，連續四個星期，每星期需要上課一整天，可不是尋常人可以這樣安排時間。但課程內容認真深入，所以更需時，而這一點就是考學生的堅持。老師會由度身、畫紙樣、改紙樣、選布、裁衣，到車縫、上紐等等一一教授，以釘紐為例，十指皆傷，所以我會說是「堅持」。我和同學們無論在飲茶等朋友，或是乘車的空檔都在紮花紐。每一顆花紐都以人手製作，你會感受到做衫者的那份心思。

阿麗堅持一針一線地縫紉，笑稱這些衣衫有血有淚。

新：真是粒粒皆辛苦……

麗：真的！我和朋友都在說笑，連線都有血跡，但你做完一件衫會很高興。自己做的衫就算洗得多，破了、爛了，都會把它包得精緻放在櫃裏，不會丟棄，會懂得珍惜和好好收藏。與現在現成的衣服相比，穿了一、兩次便不要、丟棄或捐給別人大大不同。

新：你認為在這課程中有甚麼收獲？

麗：很多！除了學會做衫的技巧外，也幫助我靜下來。由學徒班到唐裝衫課，我都堅持人手一針一線做衫，我很享受這個可以靜下來的過程。香港的生活太緊張，我需要偶爾有一、兩個小時全心全意做一件事。當然，見到製成品會更開心。

新：會不會連審美眼光都好了？

麗：（笑）這刻我不敢說，我相信長遠來說，一定會。

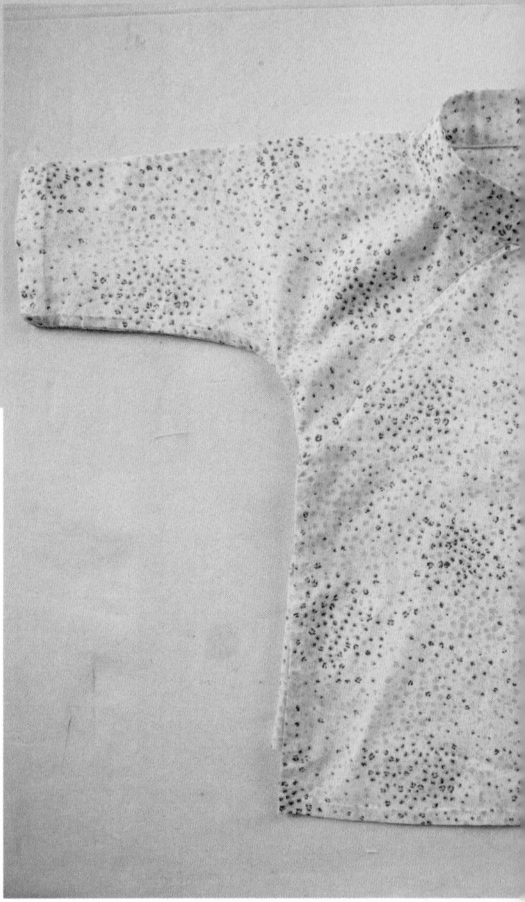

新：報名長衫班是為了做衫給自己，還是給身邊的人呢？

麗：剛才也說過我會做給小朋友，但不止小朋友，我會做給家人。回想我小時候會織毛衣或織頸巾，全都送給身邊的人，例如媽媽、當時的男朋友……同樣地現在做衫，童裝第一件是做給自己的孩子；現在我身穿做訪問的這一件是做給媽媽的。我第一件正式做的唐裝衫是給媽媽，就如小時候我織的第一件毛衣都是給媽媽，我想對她的意義會很大。

新：即是你用衣服做深情的紐帶？

麗：絕對是。而我都希望孩子長大後，即使長衫不再合穿，但仍然留為記念：「原來媽媽真的有為我做衫！」就似一份傳承，那時我媽媽都有替我做衫，但現今買現成的多，我希望可以給孩子留一些回憶。

現在我的女兒見我做衫，都會問我：「媽媽，我長大後會懂得做衫嗎？」

我說：「當然會，你再長大一點，我可以教你縫紉。」

她說：「那我將來都可以替我的女兒做長衫。」

我相信，如果她記得這一刻，日後可以做成一件長衫的機會會大一點，做到真正的「以針傳情」。

新：你對課堂中老師和同學的印象如何？

麗：先講師傅。Janko會教學徒班做BB長衫的技巧，她有很強烈的熱誠；而唐裝衫的師傅，我沒想過他們真的是有幾十年經驗的老師傅！畫紙樣和教縫紉是兩位不同的師傅，遙想他們當年用了五、六年當學徒也未真正站上崗位，相信現在的人都受不了。他們用幾十年時間去學做一件事，這經驗和耐性會感染到我們。

而同學都很有趣，由十幾歲到六十歲都有，大家的焦點都不同，但在做衫時好像都還原成小孩一樣，全情投入、充滿熱情，大家都享受這過程。我們下課後仍有聯繫，互相提點和請教如何繼續在家中完成長衫，這份鼓勵很重要。

新裝如初

林春菊，時裝設計師，香港時裝設計師協會會員。畢業於香港明愛白英奇專業學校時裝紡織設計系，同年加入無線電視廣播有限公司，為旗下藝員設計舞台及劇集服裝，作品包括《蒲松齡》、《正識第一》、《巴不得爸爸》等。

曾與品牌 Esprit 合作，在香港推出首個以再生織物為主題的再生活時尚別注系列。2011 年參加香港慈善機構 Redress 主辦的「衣酷適再生時尚設計」比賽，獲得第一名，並受邀前往倫敦，於國際可持續時裝品牌 From Somewhere 實習。

一直以來，林積極參與各項可持續時尚活動及展覽，作品曾於巴黎羅浮宮、德國、上海、港澳等地展出。2012 年獲香港時裝設計師協會邀請在「時裝‧視野」展覽作品，並獲香港文化博物館永久收藏。

2014 年 7 月在元創方 PMQ 開設新店，推廣自創品牌「新裝如初」。

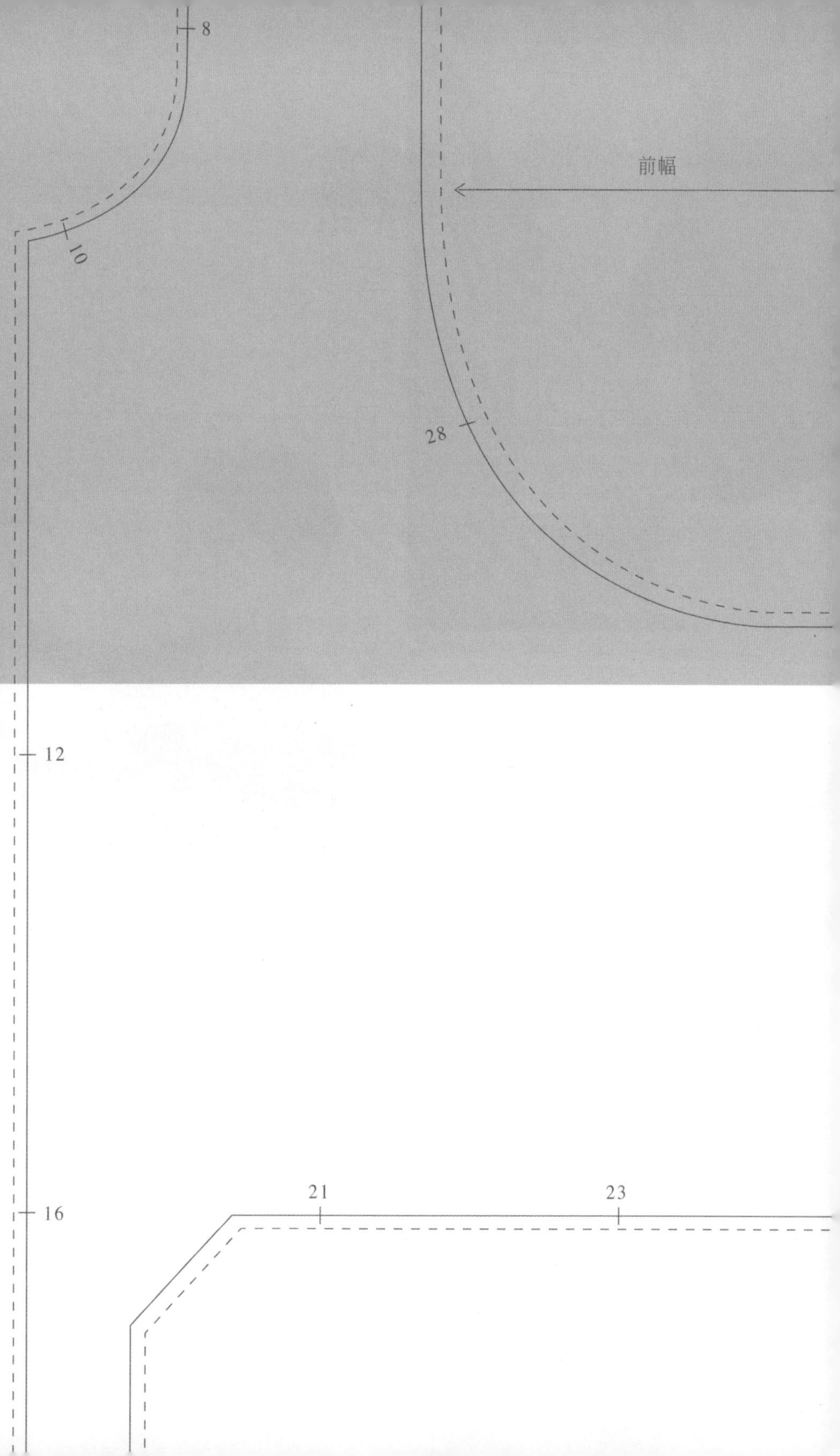
8
10
前幅
28
12
16
21
23

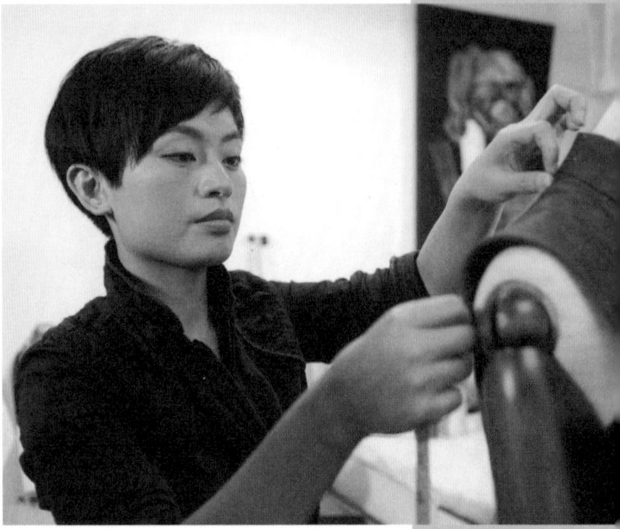

初心

我是在香港修讀時裝設計畢業的，其實在學校一開始並未曾接觸過任何關於中國傳統服飾方面的知識。反而畢業後在電視台擔任服裝設計、參與古裝劇集，這些經歷才令我有機會接觸與了解中式服裝，並慢慢開始鑽研箇中所蘊含的歷史文化。

在電視台工作的那段日子，要多充實有多充實，我特別鍾愛古裝劇集，當收到劇本後由角色分析到設計、選料、製作等等，道道工序都要跟足。每天都忙裏忙外地尋找符合劇集人物與情節的服飾，後來任務多了，不可能呼風喚雨，要甚麼就有甚麼，於是就開始嘗試自己去發展自己的設計品牌。就這樣，華服這顆種子漸漸在我心裏扎根。

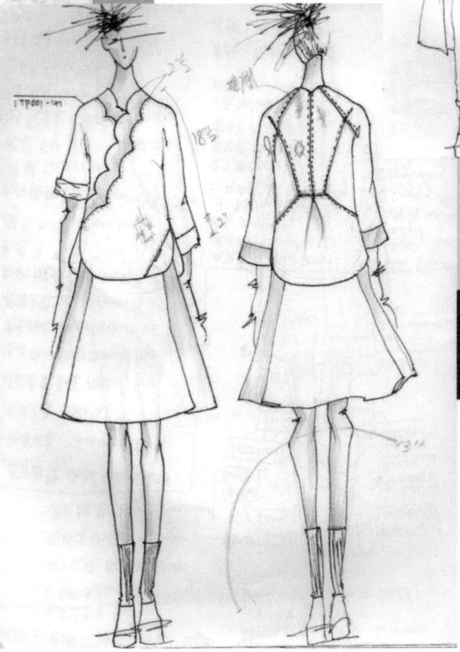

我們經常四出搜索適合製作旗袍的布匹，奈何良材難覓，很多布料的數量僅足數件旗袍使用，甚至更少。

啓發

回港後，我正式開始着手設計環保服裝，第一個項目是與國際品牌Esprit合作，在香港推出首個以再生織物為主題的「再生活時尚別注系列」。

緊接着第二個項目，我幸獲香港時裝設計師協會邀請，在「時裝．視野」展覽中展出個人作品和參與一場香港時裝設計師的服裝表演。當時為了貫徹環保路線，我四處尋找設計素材，剛好從朋友的工廠處搜集到一批遭棄置的牛仔布料。我看着眼前的一片藍，靈感頓現：「假如將它們做成旗袍，感覺會不錯吧？」於是，我閉關了兩星期，自己動筆動剪、一手一腳地縫起一系列牛仔旗袍。這次經歷，開啟了我的創作生涯中第一扇中式大門；我與華服的緣份，亦由此緩緩展開。

這首個牛仔系列旗袍，是我一大膽嘗試：將西式剪裁與中式旗袍融會貫通之作。但我是學習西式剪裁設計出身，始終不是用中式正宗、傳統方式裁製出那些旗袍，成品效果雖然獲得好評，但反而令我不禁自問：「到底所謂的傳統旗袍和我做的旗袍分別在哪？」

恩師殷家萬師傅（左二）來看我的時裝表演。

於是，我決定認認真真，從頭起跟老師傅學習傳統旗袍工藝。我四處拜訪做旗袍的老師傅，先後跟過四位恩師：第一位是吳師傅，我學會了「基礎」；第二位是偉師傅，再學會了「變化」；第三位是商師傅，繼而學會了「珍惜」；第四位是殷師傅，最後學會了「平靜」——每一位都是我生命中重要的人。

拜師學藝至今，我一有時間都會到殷家萬師傅的工場學習，就算不是次次動手做，光觀看也偷師不少。殷師傅都不厭其煩地一次又一次、重複又重複，教授我各種中式傳統服裝的製作手藝，令我十分感恩。從此，我深深愛上了這一門博大精深的學問——華服之美，在於它的細緻與手藝。

香港現時訂造旗袍的選擇少得可憐：街邊的攤檔貨雖便宜，質量卻讓人甚憂；國際名牌的手工固然精細，但其價格高昂，還是會令大部份人望而卻步。我發現在這兩者之間，欠缺了一個容易讓人接受的中間地帶。

離開電視台後，我一直尋找屬於自己的時裝設計品牌之路，「膽粗粗」地一邊按不同的時裝設計工作，一邊做自己的品牌設計。我亦多次嘗試參與了「香港時裝週」，由開始摸索、改進、到成功接訂單，是好的開始，但也漸漸覺得，盲目追趕着國際的時裝視野和步伐不是「我杯茶」，繼而進入不斷掙扎、反思的階段。

慶幸在2011年，我成功申請到政府資助的「創意智優計劃」，獲得一年免租使用九龍塘創新中心工作室，培育我的創業機會。

同年，我也報名參加香港慈善機構 Redress 主辦的「衣酷適再生時尚計劃」比賽，一舉獲得金獎。回想起比賽過程，我覺得甚是緊張刺激，結果也令我驚喜不已，並受邀前往倫敦、法國，與當地從事環保設計的公司交流和實習，走訪過十多間不同性質的環保時尚品牌，令我大開眼界，也淨化了我對前路的迷茫。

2012 及 2013 年參與波蘭 amberozia 時裝表演。

2011 年 Redress「衣酷適再生時尚計劃」比賽金獎。

攝於元創方 PMQ 的店面。

新生

為使華服重新得到重視，我決定創立中式品牌「新裝如初」，致力為傳統中國服飾注入新元素。設計主要為新式改良旗袍及各類中式服裝，在保留立領、斜襟、盤扣、花紐、開衩等傳統華服元素的同時進行改革創新，希望做到萬變不離其宗。通常我會先做一個樣板出來，親自穿着它在街上走個一圈。如果沒有人向我投來怪異的目光，那就代表這個設計沒甚麼大問題。慢慢地，我開始拿捏到如何將古着與時裝恰如其分地區分開來。

設計師的觸覺讓我知道，老土和時尚只有一毫之差。今時今日，華服的影子存在於婚禮、畢業典禮等重要儀式中，存在於大大小小的古裝影視作品裏，存在於國際性的外交舞台上，但偏偏不存在於人們的日常生活之中。

現在還會穿旗袍的，都是些老一輩的人，而且一般只會在特定場合上穿，比如說婚宴。我相信以新潮的設計重塑旗袍，會是一條出路。

的確，作為時裝設計師，推陳出新可以說是其中一項使命，也應該懂得用新瓶裝老酒，用新器皿活化陳年美味，才能讓芳香飄散，刺激人們對華服的時尚嗅覺，進而令舊工藝有所發揚、傳承。

像龍鳳刺繡這類的傳統元素，我會避免過多使用，轉而改為年輕化和平民一點的布料，比如說牛仔布。我覺得華服之所以日漸式微、被市場逐漸淘汰，絕非工藝落後，而是因為其步伐不能緊貼時代趨勢。如今以快取勝的時尚品牌充斥在各個角落，其相對低廉的價格和日新月異的款式，輕鬆吸引大量消費者的眼球。服裝界的競爭已如此激烈，假如旗袍繼續故步

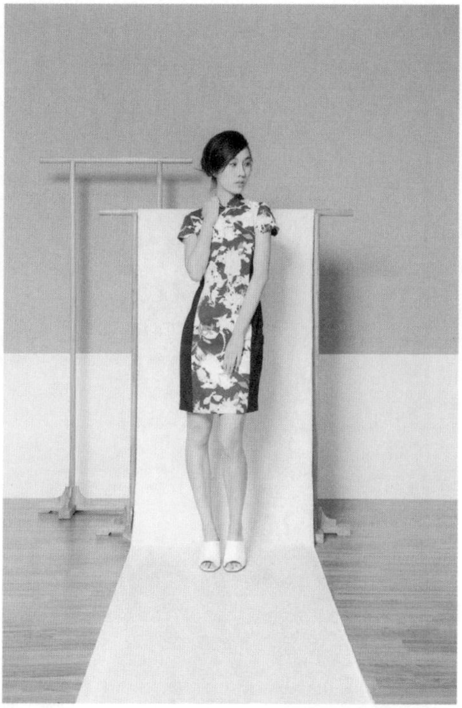 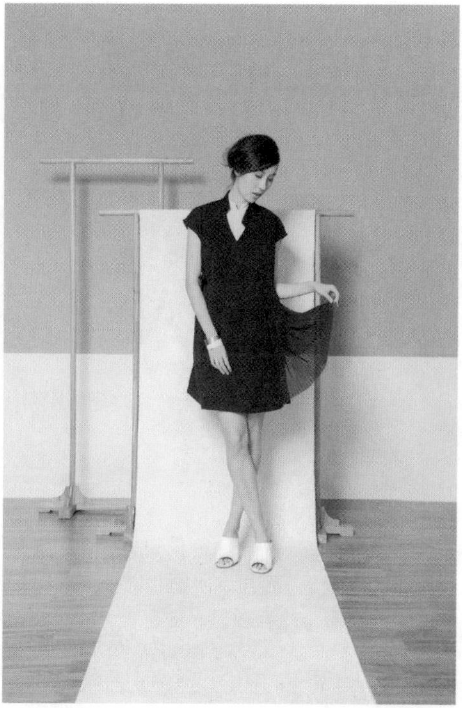 

自封，不作創新，何來翻身之日？別提翻身，可能連引人注目意都難。旗袍師傅的角色十分被動，他們只能根據客人的吩咐去完成一件作品，很難稍作改變甚至突破。然而，時裝設計師所賦予我的角色則主動得多，讓我擁有重新打造旗袍的自由，賦予它新的理念，給它一個具有現代感、與時俱進的新面貌。

—缺，破掉華衣常相，卻，牽引一輪循環。一如最初，總是一襲襲從缺處訴說故事之衣。造衣人緣缺處揮豪，劃破剪裁線，從中填補破口，使衣服輪廓不對稱，從缺憾揮灑出獨特美感，演活隨性自在。

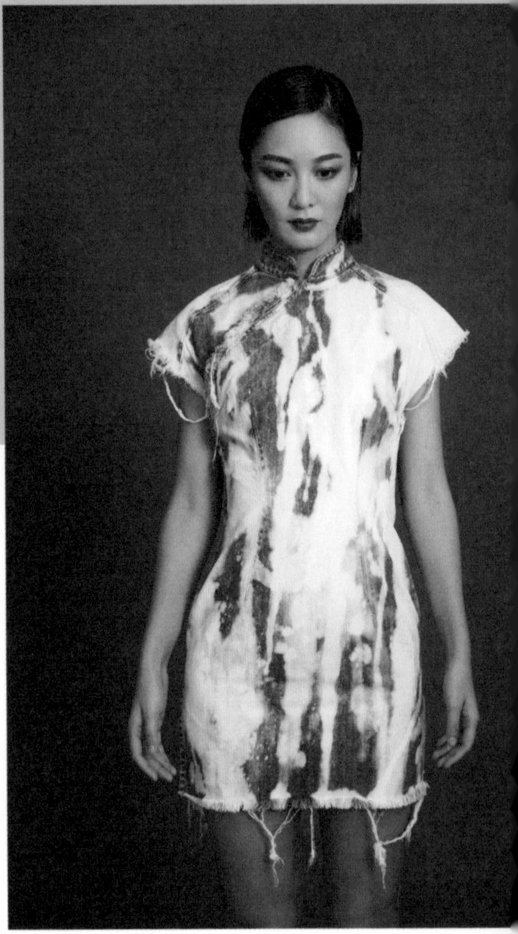

與環保設計比賽結緣，也令我決定繼續在這條環保之路走下去。

我們品牌裏的牛仔旗袍系列，全部是利用工廠所剩布料製作，再加上手工點綴，將原本被棄置的布匹，變身為別緻的中式連身裙。由於布料有限，每件旗袍都不會相同，我會將每件視為我的藝術品，只止一件，環保又別有一番情懷，令我不會覺得煩悶，也不斷有不斷創作新意念。更希望穿着的客人感受到每件的用心，去呵護珍惜。整個設計理念與其品牌名字「新裝如初」不謀而合。

除了牛仔布，我亦會選用

牛仔旗袍環保系列

真絲和麻布製作旗袍，並經常向恩師殷家萬取經。很多人都會以為傳統與新潮無法融合，老師傅亦一定對時尚元素甚有微言。並非如此，師傅完全沒有與時代脫軌，有時想法甚至比我更加超前。因為師傅經驗豐富，做衣服不僅存在已知性，更有預見性。很多時候，反而是師傅告訴我甚麼已經過時了。

現在除了設計旗袍外，我還有製作中式棉襖、袍服，以及每年一季的中式時裝。用自己擅長的西方剪裁，融合中式傳統工藝，設計中西合璧的新時尚。

擔心難搭配是令很多人不敢嘗試華服的原因之一，對此我並不太認同。其實華服沒有大家想像般那麼有限制。只要把它當成一件普通衣物就可以了，上班可以穿，平日裏也可以穿，沒有必要聞華服二字便喪膽。我會設計一些剪裁簡潔、顏色易搭的「入門級」華服，好讓從未接觸過的人可以放膽一試。香港女性的穿衣風格太受西方、日韓潮流影響，首先應該摸清自己風格，然後再去發掘甚麼樣的穿衣品味最適合自己。穿着打扮有自己的特色最重要，而不是被潮流左右。雖然我做了不少旗袍，但其實品牌並非只做旗袍，只是大家將旗袍和我掛鉤在一起。

作為一個時裝設計師，能讓大眾記得我的風格是一件令人鼓舞的事。除旗袍之外，我亦會做長衫、棉襖、袍服、中式元素和味道的時裝，也有男裝唐裝等。基本上我會定義「新裝如初」是華服品牌吧， 希望可以將它重新活化，畢竟，時裝本來就是周而復始的變化與革新。擷取舊服改裝是我的志願，保育中華文化傳統、傳承華服風雅，是我畢生的堅持。

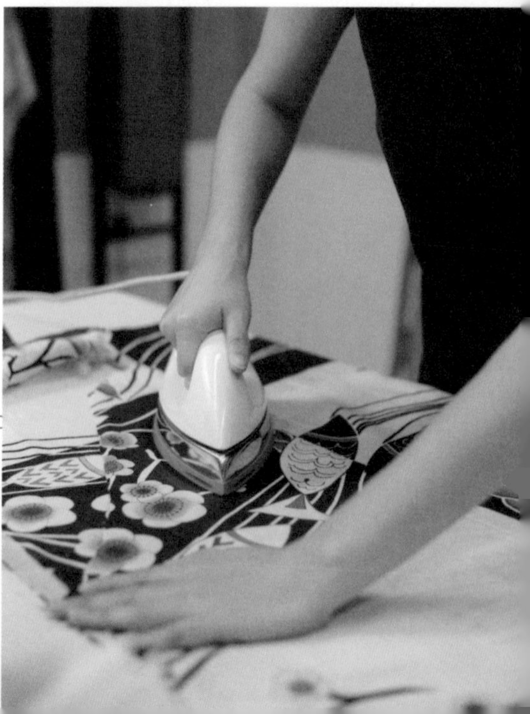

「新裝如初」糅合傳統華人女性的優雅知性與隨性自由，承載着華服藝術夢想家的浪漫情懷，不隨波逐流，不喧囂聒噪。有別於傳統華服，新裝如初設計上強調寫意之美，藉助傳統紐扣等元素，在原有基礎上進行藝術提煉，使華服更多元化，賦予華服新風格，成就新潮流。

當傳統與時尚完美結合，就是華服與時俱進的體現。新裝如初，致力於傳承中華傳統生活之風雅，保護日漸枯竭的民間衣藝，以現代語言闡釋傳統華服理念，沉浸於一針一線的巧妙構思，為新時代女性圓一個舊上海夢，而又遊刃有餘地行走在國際潮流的道路上，迎來一個新的衣着時代。

別出心裁 香港華服製造的故事

作者
林春菊 x 新裝如初

編輯
Cat Lau

美術設計
Zoe Wong

插畫
Myra Tang

攝影
Rusty

出版者
萬里機構・萬里書店
香港鰂魚涌英皇道1065號東達中心1305室
電話：2564 7511
傳真：2565 5539
網址：http://www.wanlibk.com
http://www.facebook.com/wanlibk

發行者
香港聯合書刊物流有限公司
香港新界大埔汀麗路36號
中華商務印刷大廈3字樓
電話：2150 2100
傳真：2407 3062
電郵：info@suplogistics.com.hk

承印者
百樂門印刷有限公司

出版日期
二零一六年十月第一次印刷

Published in Hong Kong by Food Paradise,
a division of Wan Li Book Company Limited.
ISBN 978-962-14-6187-2

萬里機構　萬里 Facebook

$100 折扣優惠券

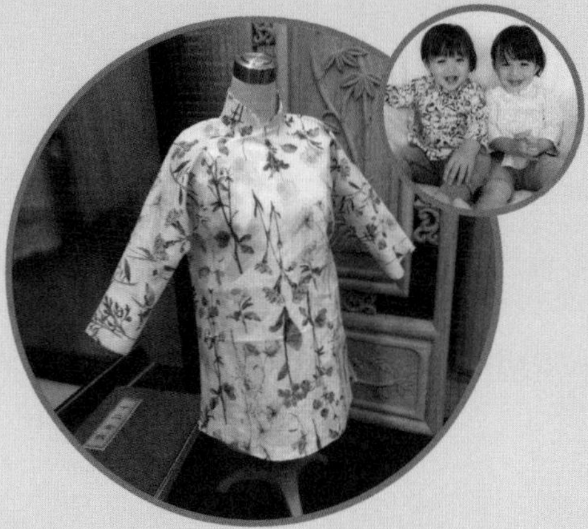

「中式 BB 長衫體驗班」

華人以針傳情，學習親手一針一線縫製一件迷你長衫，享受手藝生活的樂趣。

- 傳統長衫的特徵和演變
- 簡介長衫和旗袍的分別
- 認識中式裁縫工具
- 掌握針步及車縫技巧

時間：合共 3 小時
原價：每位 $480（學費已包裁好的材料和工具）
查詢：www.classicsanew.com

使用條款：

1. 此優惠券僅適用於華服學堂「中式 BB 長衫體驗班」。
2. 報名及上堂時須出示此優惠券。
3. 每班報名人數有限，先到先得。
4. 此優惠券不可兌換現金、找贖或退款。
5. 優惠期由即日至 2017 年 8 月 31 日。